命を預かる人になる！

地球最強のチームをつくる宇宙飛行士のマネジメント

山口孝夫
Yamaguchi Takao
宇宙航空研究開発機構［JAXA］監修

ビジネス社

はじめに

「夢はあきらめたとき、夢で終わる」
あるテレビ番組で一度だけ聞いた言葉なのですが、私の心に残りました。

本書に登場するのは、夢をあきらめない人たち、〝宇宙飛行士〟です。彼ら／彼女たちは、宇宙飛行士になる夢をあきらめません。厳しい選抜を潜り抜け、過酷な訓練を乗り越えて宇宙飛行への夢を追い求めます。

初飛行への道筋は茨の道です。初飛行が実現するまでに10年以上もかかる場合がありま す。初飛行が終われば、さらなる夢を掲げて厳しい道のりを黙々と走り続けます。

それではなぜ、宇宙飛行士たちは夢をあきらめないのでしょうか。その答えの一つとして、夢の実現方法を知っていることをあげることができます。

夢の実現方法とは何でしょうか。

それは、訓練です。宇宙飛行士は、訓練によって夢をあきらめない心の強さと夢を実現する力を磨き上げていきます。私たちは学校で、職場で、そして人との付き合いの中で、いろいろなことを学び、生きる術を身につけます。これも訓練だといえます。

その意味において、宇宙飛行士の訓練のやり方、そして訓練から得た知識や心構えは、一般社会にも役に立つのではないか。その思いが本書を書くきっかけとなりました。私が得た知識と経験が一人でも多くの方々のお役に立ち、夢をあきらめない術のヒントを得ることができることを心から願っています。

著者

第2章 宇宙飛行士の掟

第3章 宇宙飛行士にみる能力の磨き方

第4章 チーム力を高めるコツ

第5章 有人宇宙飛行のリスクと覚悟

プロローグ

初期の宇宙開発は、アメリカと旧ソ連の激しい競争の下で進められました。

いまでは死語となった「冷戦」時代のことです。宇宙開発に限らず、科学技術の多くは軍事力を追求する過程で発達を遂げてきました。原子力発電がそうですし、いまや花盛りのインターネットも、もともとはアメリカ陸軍の情報通信システムでした。

現在、地球の周りを回っている人工衛星の中にも、例えばアメリカによる仮想敵国の監視衛星などが含まれているのは事実です。

しかし、宇宙開発は大きく様相を変えています。宇宙開発が「競争」ではなく、世界各国による「共同作業」になったのです。その中心施設となっている国際宇宙ステーション（108・5メートル×72・8メートル）は、アメリカ、ロシア、カナダ、ヨーロッパ各国、そして日本を含む15カ国によって共同運営されています。↓図①、②

その国際宇宙ステーションに取り付けられているのが日本初の有人宇宙施設「きぼう」日本実験棟です。

図① 国際宇宙ステーション

図② 国際宇宙ステーションの大きさ

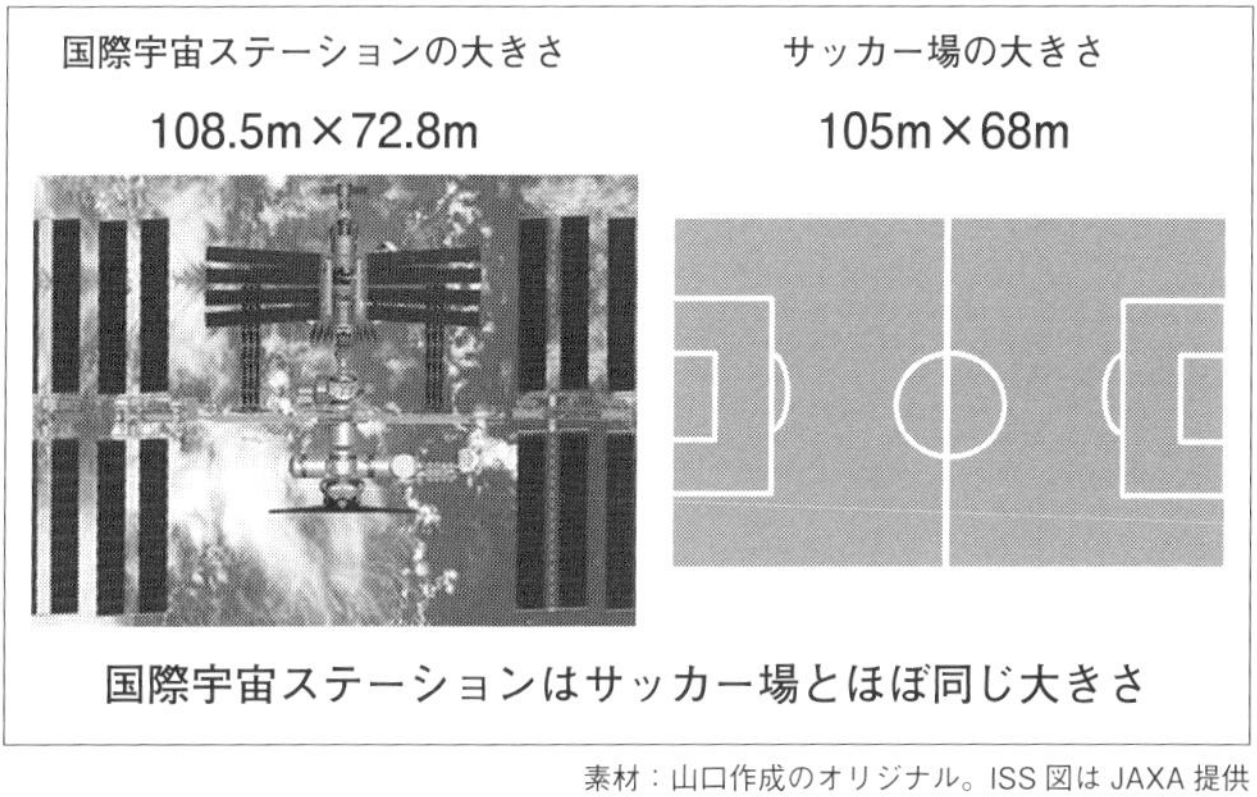

素材：山口作成のオリジナル。ISS 図は JAXA 提供

いまのところ、日本は宇宙ステーションに行く宇宙船を持っていません。向こう10年くらい（だいたい2020年ころまで）は、アメリカやロシアなど外国の宇宙船を利用させてもらう予定になっています。したがって、日本の宇宙飛行士はＪＡＸＡ（独立行政法人・宇宙航空研究開発機構）に所属していても、有人宇宙飛行に必要な訓練の多くをＮＡＳＡやロシアで受けることになるわけです。

とはいえ日本の宇宙開発技術は十分に進んでおり、諸条件が整いさえすればすぐにでも国産の宇宙船を持てるレベルにあります。

日本人で初めて宇宙に行ったのは秋山豊寛さん（当時・ＴＢＳ社員）です。１９９０年のことでした。搭乗した宇宙船は旧ソ連のソユーズです。

まさに、その翌年の１９９１年に旧ソ連が崩壊しました。また、ソ連で宇宙飛行の訓練を受け、ソ連の宇宙船に乗った秋山さんは気鋭のジャーナリストでした。その目的はＴＢＳの報道番組の企画を受けたものであり、いわば「民」の立場での宇宙飛行だったのですが、かといって秋山さんの「日本人初」の称号は揺るがないでしょう。

ＪＡＸＡ所属の宇宙飛行士は、いわゆる〝職業宇宙飛行士〟です。ＪＡＸＡ宇宙飛行士として初めて宇宙飛行を行ったのは、毛利衛宇宙飛行士。アメリカのスペースシャトルに搭乗しました。

毛利宇宙飛行士に続いて、向井千秋宇宙飛行士、若田光一宇宙飛行士、土井隆雄宇宙飛行士、野口聡一宇宙飛行士、星出彰彦宇宙飛行士、山崎直子宇宙飛行士がスペースシャトルに搭乗しました。

それぞれのフライトにおいて、ＪＡＸＡ宇宙飛行士は優れた能力を発揮して、ミッション達成に大きく貢献しました。残念ながら、スペースシャトルはすでに退役して飛行していません。ですが、私たちはスペースシャトルでの経験を通じて、有人宇宙機の運用と安全確保、宇宙飛行士の訓練手法、宇宙実験のやり方、国際調整の進め方など、多くの知識と技術を得ることができました。

そして何よりも宇宙飛行士だけではなく、多数の優れた人材が育ちました。スペースシャトルは、日本の有人宇宙活動の礎を築いてくれたと言えます。

現在、飛行中の国際宇宙ステーションで約半年間の宇宙滞在を経験したのは、若田宇宙飛行士、野口宇宙飛行士、古川聡宇宙飛行士、そして星出宇宙飛行士です。

そして若田宇宙飛行士は、現在2回目の国際宇宙ステーションに滞在中です（平成26年4月現在）。さらに宇宙飛行士チームの中で日本人初の「コマンダー」（リーダー）に指名されて、宇宙開発にとって重要な宇宙飛行の一つを任されることになりました（コマンダーについては本編参照）。これもまた、画期的な出来事です。

ところで、どこからが宇宙なのか、ご存知でしょうか？

正解は「地上100キロから先」です。

↓図③

誰もが宇宙に憧れを抱いていると思います。しかし案外、宇宙の基本的なことも知

図③　地上100キロから宇宙

らないでいることが少なくありません。憧れではあっても、まだまだ身近とまでは言えない宇宙のことですから、それも仕方ないでしょう。

例えば、日本の探査機「はやぶさ」が、世界で初めて小惑星・イトカワから貴重な資料を持ち帰り、大きな話題となりました。

はやぶさは、日本の探査機としては「ひてん」「はるか」に続くMUSESシリーズ三代目です。そして、地球から小惑星・イトカワまでの距離はおよそ3億キロ。はやぶさは、この距離を往復で約7年間、2592日間を費やして飛び続け、ついに世界的快挙を成し遂げたことになります。

もう一つ、アメリカから大きなニュースが届きました。

1977年に打ち上げられたボイジャー1号が、2012年8月25日ごろに人類史上初めて太陽系の外に達したというものです。ボイジャーはいまも時速6万キロで飛び続けており、現時点で太陽から190億キロ離れた場所を飛行しています。

こういうスケールの大きな話が、地球のこれからを担う子どもたちに、どれほど素晴らしい夢を育んでくれることか。私は素直にうれしく、また楽しみです。宇宙飛行士はそうした子どもたちの夢の、いわばシンボル的な存在だと言って良いでしょう。

宇宙飛行士は、いずれももともとが優秀な人たちばかりであり、難関の選抜試験をくぐり抜けしかもＪＡＸＡやＮＡＳＡにおいて、現代で考えられうる最高の訓練を受けています。外部のみなさんからみれば、一種のスーパーマンと言っても過言ではないように思えるのではないでしょうか。

そして華やかです。宇宙に行くたびにマスコミに登場し、老若男女すべての国民から尊敬の眼差しをもって迎えられます。

しかし、彼らも一人の人間なのです。泣きもし、笑いもします。家族があり、人生や生活についての細々とした悩みを抱えているのも、私たちと少しも変わりません。

宇宙飛行に出たときは、確かに華やかで誰もが憧れ、また羨望《せんぼう》の的となりますが、その背後にはつらく厳しい訓練の日々があります。本編で詳しく触れますが、古川宇宙飛行士など最初は宇宙飛行のチャンスになかなか恵まれず、12年もの間、ただひたすら訓練、訓練を繰り返す忍従の日々を過ごしていました。

そんな彼の姿を間近で見ていて、心から頭が下がったものです。

私は幸いにも宇宙飛行士と同僚という「特権」を与えられました。彼らが公の場所では決して見せない素顔も、ともに悩んだり笑ったりしながら、私はつぶさに見てきています。

この私の特権を十分に活かして、彼ら宇宙飛行士の世界を紹介するのが本書の目的でもあります。

彼らの日々を見ていると、毎日が訓練、この言葉に尽きます。

その訓練の内容を通じて、私たちはさまざまなことを学び取れるのです。宇宙飛行士が受ける訓練の半分、いや3分の1でも受けることができれば、あなたは周囲から頭二つも三つも抜きん出た存在になれるでしょう。

ビジネスにおいて、また人生そのものにおいて、測り知れない力をもらえます。このため本書で引用した事例は、一般の方々にも理解できるように多少簡略化して記述しています。宇宙の分野で働く人たちには、正確性に欠けるのではないかと思われる箇所があるかもしれません。その点はご理解ください。

もっとも、本書では取り立てて教訓めいた話をするつもりはありません。ただ淡々と、彼ら宇宙飛行士の世界を書きつづってみるつもりです。そこから何を感じ、何を学び取るのかは、すべて読者のみなさんにお任せいたします。

第 1 章

宇宙飛行士に
求められる
６つの管理能力

宇宙飛行士に求められる6つの能力

宇宙飛行士に求められる能力には、当然ながら宇宙船の操縦、ロボットアーム操作や船外活動といった技量や知識があります。これらの能力は技術的なものです。

そして、技術的な能力と同じぐらい重要な能力として〈管理能力〉があります。この管理能力については、特に必須なものとして「意思決定」「状況認識」「コミュニケーション」「ワークロード管理」「リーダーシップ」、および「指揮命令」の6つをあげることができます。

技術的な能力のほうはともかく、これら6つの能力は、宇宙飛行士だけに備わっている特殊な能力ではありません。しかし、実際に宇宙空間でのミッションに携わるときには、むしろ宇宙船の操縦といった技術的な能力以上に、この6つの能力が必要不可欠になる局面が多い――そう言っても良いくらいなのです。

ですから、もともと宇宙飛行士たちは、これらの能力に長《た》けている人が多いのですが、訓練によってその能力にさらに磨きをかけます。

なぜ、この6つの能力が必要不可欠となるのか。端的に言えば、宇宙空間という特殊環境下では、これらの能力を備えていないと、宇宙飛行士たちの「命が危ない」からです。

論より証拠。宇宙飛行士がこれら6つの能力をどのように使っているか、また使わなければならないか、以下に順を追って紹介してみましょう。

(1) 意思決定

問題が発生しても冷静さを失わず、複数の選択肢から適切な対処法を選び出す能力です。

もちろん選び出すだけでは不十分で、実行に移す前に選んだ対処法の効果を吟味し、評価して、正しい選択なのかどうかを確かめなければなりません。

意思決定のやり方には、二つのタイプがあります。

一つは「定型的」な意思決定であり、もう一つは「非定型的」な意思決定です。

決まりきった意思決定のやり方

定型的な意思決定は「こういった事態になったら、このように対応する」と型どおりに物事を決めるやり方です。スペースシャトルや国際宇宙ステーションには、〝フライトルール〟と呼ばれる文書があります。

例えばロケットエンジンの一つが故障した場合、ミッションを断念して地球に戻るのか、そのままミッションを継続するのか、その故障の程度によって細かく対応手順が決められています。

定型的な意思決定のポイントは、どの対応手順を取るのかをフライトルールの中から特定することにあります。間違った対応手順を使うと、かえって事態を悪化させます。適切な対応手順を特定するには、発生した問題点を分析して、何が起こったのかを正確に理解することです。問題点がわかれば、後は問題点と対応手順が記述されているページを開いて、自分が何をすべきかを決定するだけです。

想定外での意思決定のやり方

一方、非定型的な意思決定は、想定された事態とは違った場面で物事を決めるやり方です。想定外の事態なので、問題点がわかってもフライトルールに明確な対応手順が書いてありません。自分自身の力で、あるいは仲間と一緒に適切な対応手順を考え出さなくてはなりません。

非定型的な意思決定が求められる事態は、宇宙飛行士にとって緊張を強いられる重大な場面です。あれこれ迷っている時間はありません。できうる限り迅速に、かつ的確な意思決定が求められることになります。

非定型的な意思決定のポイントは、第一に問題点を正確に分析することです。

問題分析のオーソドックスなやり方として、過去の類似経験から手がかりを導き出す手法があります。ただし、自分の経験だけでは限界があります。そのため宇宙飛行士たちは、あらかじめ過去の事例を調べて体系的に整理しておくなど、いざというときを想定しての備えを欠かしません。

問題点が特定できたら、次は取るべき対応手順を決めなければなりません。

対応手順の多くは問題分析と同様に、過去の類似経験から手がかりを導き出すことができます。そうして導き出された手がかりから、いくつかのオプションを考えます。この最終オプション候補は、三つぐらいが適当です（三つ以上になると、今度はオプションを絞り込む作業に時間がかかってしまいます。その結果、せっかく良い対応手順を特定しても、実行時間が足りないといった状況に陥りかねません）。

採るべき最終オプションを決定するには、候補となる各オプションについて、それを実行した場合の効果とリスクの両面を評価します。最も効果があると評価したオプションを選ぶのが理想ですが、そこにあまりにも高いリスクがともなうとなれば、断念して次善の策を選択する決断が必要になります。

この局面こそが宇宙飛行士にとって、まさに最大の正念場なのです。

意思決定時の心構え

意思決定の能力自体は訓練や実務経験を積み重ねれば、ある程度のレベルまでは達します。しかし、それ以上に大切なことは、自分が決めた決定に自信を持つこと、その結果に責任を持つこと、そして間違っていると気づいた場合は撤退する勇気を持つこと。いわば自分の意思決定に対する「姿勢」なのです。

自信なさげな口調で意思決定を告げられたら、それが正しい決定だと思えたとしても部下は従いません。

もし失敗したら、仲間を振り返ろうともせず、一目散に逃げてしまいそうだと思われているような人の意思決定にも、同じく部下は従いません（もっともそれ以前に、そんな人間は意思決定するポジションなど任されないでしょうけれど）。

そして自分の決定に少しでも疑問を感じたら、いったんそこで足を止めて考える必要があります。それでも湧いてしまった疑念を払拭《ふっしょく》できなければ、撤退するのが宇宙飛行士です。宇宙飛行士は自分の面子《メンツ》にこだわり、仲間の宇宙飛行士を危険にさらすようなことはしません。

(2) 状況認識

宇宙飛行士は「状況認識能力を磨け」「状況認識は正確か、確認せよ」という言葉をよく使います。〝状況認識〟と聞くと、単に「周囲の状況に気を配ること」と思われるかもしれません。ですが、それだけでは不十分です。

宇宙飛行士たちが言う状況認識には、三つの段階があり、それぞれが十分に機能したとき、初めて適切な状況認識と認められます。

状況認識の三つのステップ

第一段階は〝状況の知覚〟です。自分の視覚や聴覚などの感覚器官を働かせて、必要な情報を入手します。

宇宙船の打ち上げ時には、宇宙飛行士は眼の前のモニター画面を「見て」、各機器のデータを読み取り、地上の運用管制要員からの指示を耳で「聞いて」います。このように多くの情報入手には、視覚および聴覚が使われます。

もちろん視覚と聴覚だけではありません。火災が発生して煙で周囲が見えない場合などは、触覚や臭覚が非常に役立ちます。

第二段階は〝状況の理解〟です。感覚器官で得た情報を分析して、何が起こっているのかを理解します。

宇宙船では火災は命取りです。だからといって、火災警報を聞いてすぐに避難したり、あるいは消火装置を作動させたりするのは、いかにも早計というものです。火災警報が誤っている可能性だってあります。

宇宙飛行士は、耳で聞いたこと（警報音）、目で見たこと（煙）、鼻で嗅《か》いだ臭い（焦げくさい）、さらには地上の運営管制要員からのアドバイス等々の情報から、データを分析・整理・統合して、何が起こっているのか、自分を取り巻く周囲の環境を正確に理解できるように訓練しています。

いま目の前で起こっている状況を理解しただけでは、適切な対応手段を選ぶことはできません。そこで状況認識の第三段階では、〝状況の予測〟が行われます。

状況の予測とはそのままの状況が続いた場合、「その事態はどうなるのか？」を思い描くことです。例えば同じ火災発生でも、その程度によって対応手順が違ってきます。火災発生と判断したと同時に現場から避難することは、それ自体は正しい行動かもしれません。でも小規模な火災であれば、そのままの状況が続いても、すぐに身の危険が生じることはないと状況を予測するのがふつうです。

煙が出ているだけで火が出ていない状況なのに、あわてふためいてパニックを起こしてしまい、消火作業を行わずにその場から逃げ出す――そんな行動を取れば、やがて火が燃え盛ってきて、宇宙船全体が炎に包まれてしまう事態だって十分に考えられます。

適切な状況認識のやり方

宇宙飛行士は搭乗するフライトが決まると、与えられた任務を全《まっと》うするために自分が達成すべき目標は何かを十分に検討します。そののち、その目標設定が正しいのかどうかを確認します。自分の達成目標を見失うと、その結果として、ともすれば状況認識を誤りがちになるからです。目標達成どころか自分の生命を危うくすることを、彼らは熟知しているからです。

例えば、与えられた任務が「人類として初めて地球と火星を往復して、安全確実な飛行経路を確立すること」といった場合を想定してみましょう。

この場合、達成すべき目標は〝安全確実な飛行経路と運用手順の確立〟です。まずは、これをきちんと押さえておかなければなりません。

ところが火星へ向かう途中、思わぬエンジントラブルが発生したとします。

宇宙飛行士は、

先述した状況認識の三つの段階に基づいてデータを収集し（状況の知覚）、そのデータを分析・評価した（状況の理解）結果、いろいろと対応手段を講じつつ、だましだましフライトすれば火星に到着できる程度のトラブルである（状況の予測）と状況を認識しました。

この状況認識に基づいて、宇宙飛行士は自分の判断を地球にいる運用責任者に連絡します。宇宙飛行士の判断は受け入れられ、飛行継続が決定されました。そして宇宙飛行士は、何とか火星に到着したうえで、無事、地球に帰還しました。帰還後、宇宙飛行士はメディアから〝人類で初めて火星旅行に成功した英雄〟としてもてはやされ、世界中から大絶賛を受けました。

この宇宙飛行士は、本当に与えられた任務を達成したと言えるでしょうか。否。任務を達成したなどとは、決して言えません。だましだまし火星まで飛行できたのは、同乗した宇宙飛行士たちの高い能力とチームワークによるものでしょう。致命的な事態に至らなかったのは、単なる幸運だったのかもしれません。

この場合、火星への飛行を断念して、地球に帰還するのが適切な状況認識だったのです。宇宙飛行士は確かに火星と地球を往復できました。しかし、肝心の任務「この飛行経路と運用手順が安全確実であることの証明」は達成できていません。

ですから、このミッションはまた初めからやり直しです。

それ以前に、もしかしたら地球に帰還できなかった可能性もあります。

なぜ、この宇宙飛行士は、このような誤った状況認識を行ったのでしょうか（地球にいる運用責任者もミッション続行に同意したのですから、宇宙飛行士だけの責任ではありませんが）。ひょっとしたら、自分が人類初の火星旅行者に選ばれたことに心が高揚して、いつのまにか「地球と火星を往復すること」のみに、目標設定がすり替わってしまったのかもしれません。

ともあれ、状況認識を適切に行うには、自分が達成すべき目標を正しく設定することが重要です。

正しく目標設定を行ったとしても、状況認識は心身の状態によって良くも悪くもなります。その原因は注意力散漫、独断的な考え、自分にはできないといった弱気、心理的なストレス、疲労、病気などです。

宇宙飛行士が日ごろから健康管理に十分な注意を払い、ジョギング、水泳、筋肉トレーニング等々に励む理由の一つは、いざというときの状況認識を誤らない「心」と「体」をつくり上げるためなのです。

(3) コミュニケーション

情報、あるいは自分の意思を相手に正確かつ迅速に伝える力が、すなわちコミュニケーション能力です。

この能力には、自分の意図を相手に伝えるだけではなく、相手にその意図が正確に理解されたことを確認する能力も含まれます。確認を怠った結果、「誤解です」「そのようなことを言った覚えはありません」といった言い争いは、日常生活でもしばしば起こりがちなもの。コミュニケーションの難しさは、誰もが感じていることでしょう。

その点は、宇宙飛行士も同じなのです。だからこそ、彼らはさまざまな工夫を凝《こ》らして確実なコミュニケーションを図ろうとします。

結論をまず伝える、そして説明

コミュニケーションの手段として、その多くは日常生活と同じく言葉（〝発話〟とも呼ばれます）が使われます。

ちなみに日本語は、最後に結論が出てくる構文です。このため最後まで聞かないと、結論がわかりません。その点、英語は主語の次に動詞が来るので、日本語に比べれば結論がわかりやすいといえます。

また日本（日本語）は、主語を明確に言わない言語文化でもあります。このため誰が、何をしたのか（何をするのか）が、はっきりしなくなる場合があります。

宇宙飛行士は相手に情報を伝える場合には、自分が伝えたいことを短い言葉で簡潔に、しかも結論を先に言うように訓練されています。

まず結論を伝え、その後から必要と思われる説明を加えて、自分が言いたいことを具体化していくのです。こうすることによって、自分が伝えたいことを相手がイメージしやすくなります。

そして最後に、なぜそのような結論に至ったかを説明すれば、伝えたいことが相手になお受け入れられやすくなります。

蛇足ながら、筆者は日本語を否定しているのではありません。日本語は表現力、情感、ともに豊かな美しい言語です。主語を曖昧《あいまい》にするのは、他者への思いやりなどが根底にあって、言いにくいことを相手に伝えるときなどに用いられます。このような表現法は人間関係を円滑にする日本人の生活の知恵であり、大切にすべき言語文化です。

しかし少なくとも宇宙飛行士同士の情報伝達手段の言語としては、こういった日本語文化は適していないといえます。これは事実、現実なのです。

正確に意思を伝えるやり方

国際宇宙ステーションの公用語は英語です。日本人宇宙飛行士も英語で話さなければなりません。

英語であっても、まわりくどい言い方や曖昧な言い方は、誤解を生じさせる原因になります。そこで、どの場合には、どのような言葉を使うかをあらかじめ決めています。使われる単語が限定されると、相手の言葉がグンと理解しやすくなるのです。

このやり方は、宇宙飛行士同士の会話だけではありません。

宇宙飛行士と運用管制要員との会話も、使われる用語がある程度まで事前に決められています。こうすることでカタカナ英語に馴《な》れている日本人の運用管制要員でも、英語を的確に理解でき、かつ欧米人にも自分の言いたいことを間違いなく伝えることができるようになります。

言葉以外のコミュニケーション手段としては、手紙や電子メールなどの文章もよく使われます。そのほか身ぶり手ぶりの非言語的なコミュニケーション手段があり、これは騒音などで声が聞こえない場合に有効です。どの手段を選ぶかは伝達する情報の量や質、周囲の環境条件などによって異なります。

特に宇宙飛行士が船外活動を行う場合などは、音声通信装置を使った言語、そして身ぶり手ぶりを使った非言語的なコミュニケーション手段の両方を活用します。

例えば「準備ＯＫか?」と聞かれた回答として、「了解」と言うと同時に、右手を上げて親指を立てるポーズを取れば、自分の準備が完了したことを確実に相手に伝えることができます。

〝Yes〟の使い方は要注意

コミュニケーションで難しいのは、自分の意図を相手が正確に受け取ってくれたかどうかを判断することです。特に日本人の場合は、相手が一生懸命に話していればいるほど遠慮して、「もう一度、言っていただけませんか」とはなかなか言いづらくなってしまう傾向があります。

またほとんどの日本人は、相手の話を聞いているときに「はい」「はい」と相槌《あいづち》を打つクセがあります。これは「あなたの言うことを聞いています」といったサインであって、必ずしも「あなたの言うことを理解しました」といった「はい」ではないことが多いのです。

しかし欧米人は英語で会話しているとき、日本人がしきりに〝Yes〟と言っているので、「彼は自分の言うことを理解しているのだな」と思ってしまいます。

ところが念のために理解の程度を探ってみると、あんまり良く理解してくれていない。欧米人にしてみれば「だったら〝Yes〟と言わないでほしい!」……といった異文化による誤解が生まれることがままあります。

ですから日本人の場合、会話中の〝Ｙｅｓ〟の使い方には注意が必要です。

例えば、古川聡宇宙飛行士が新人時代におかした失敗。

スペースシャトル訓練で、操縦席の宇宙飛行士から古川宇宙飛行士に対して、操縦パネルに提示された情報のダブルチェックを要求するコールがありました。

古川宇宙飛行士は、「問題なし」と返答しました。実はこのとき、古川宇宙飛行士の場所からは、操縦パネルの表示画面が見づらかったのです。

この場合の正しい応答は、「画面が見えない」です。古川宇宙飛行士の判断は、操縦士はベテラン宇宙飛行士だから間違いないだろうといったものでした。

この教訓は、ビジネス社会にもそのまま通用する

実力のある先輩・上司から、「自分の判断に問題はないと思うが、君はどう思う？」と問われた場合、その判断の妥当性に確信が持てなければ〝ＹＥＳ〟と言ってはいけません。その結果、ビジネスに失敗したとしたら、その先輩・上司は二度とあなたを信用しないでしょう。

ちなみに、宇宙飛行士が相手の言うことを肯定する場合は〝Yes〟とは言いません。ちょっと堅苦しい表現の〝Affirmative〟という単語を使います。〝No〟の場合には〝Negative〟という単語を使います。

なぜならYes、Noの発話は、ほんの一瞬で言い終わってしまうからです。万が一でも聞き洩《も》らしたりしたら、大変なことになります。それを避けるために、少し長めの、しかもはっきりとした発音の〝Affirmative〟と〝Negative〟が使われているようです。

(4) ワークロード管理

ワークロード管理とは自分を含めた仲間の宇宙飛行士の作業状況を評価して、誰か仕事の負荷が高い人がいたら、全体の作業計画を見直したり、チーム内の作業分担を再考したりして、ワークロードを適正に保つ能力です。

ワークロードとは何でしょうか。国際標準機構（ISO）によると、ワークロードは作業負荷（Work Stress）と作業負担（Work Strain）に大別されます。

作業負荷は「作業システムにおいて人間の生理的・心理的状態を乱すように作用する外的条件や要求の総量」と定義されています。一方、作業負担の定義は「作業負荷が個人の特性や能力と関連して与える影響」とのことです。

厳密にはＩＳＯの定義に基づくべきですが、本書では「宇宙飛行士が忙しいと感じない程度に作業量を適正化すること」をワークロード管理と考えることにします。

作業の優先順位を決める

作業量が多いのか少ないのか、この見極めは非常に大切です。特にコマンダーと呼ばれる宇宙飛行士チームのリーダー（このたび日本人で初めて、若田宇宙飛行士がコマンダーとして宇宙飛行に挑むことになりました）は、常に仲間の宇宙飛行士の作業量に注意を払わなければなりません。

宇宙飛行士全体のリーダー（＝コマンダー。以下、基本的に表記をリーダーに統一）は、一人の宇宙飛行士の作業量が多いと感じたら、他の宇宙飛行士の状況を見て、チーム内の分担を見直します。それでも作業量を軽減できない場合は、何らかの作業を取り止めることになります。

どの作業を取り止めるかは、作業の優先順位によって決定します。

多くの作業は、宇宙に行く前に優先順位が決められています。この優先順位はフライトルールに記載されるので、このルールに基づいて作業継続／作業中止を決定します。しかしながら、事前の取り決めどおりに事が運ばないのが宇宙飛行です。

そのときは地上の運用管制要員と宇宙飛行士が優先順位を調整しますが、緊急時など急を要する場合は、最終的な判断はリーダーに任されています。

優先順位を決めるうえでの鉄則があります。それは安全です。宇宙飛行士の安全にかかわる事柄は、どんな場合も第一優先とします。

適切な作業量について

宇宙飛行士の作業量は、無理がないように計画されています。それでも宇宙で作業をすると、予想以上に時間がかかってしまうことが少なくありません。

一つの作業に手間取ると、必然的に次の作業に費やせる時間が短くなります。計画では、その作業に1時間が割り当てられていたのに、突然「30分間で終了せよ」と指示されれば、さすがの宇宙飛行士だって焦《あせ》ります。単純計算で倍の速さで作業を行わなければならないのですから、無理もない話です。

気持ちが焦ると、心理的なストレスも加わってミスを引き起こす確率が高くなります。

そうなると、ミスがミスを呼ぶ悪循環から致命的な事態に陥ってしまい、宇宙飛行士の生命が危ぶまれることにもなりかねません。

そのような状態に陥る前に対応するのがリーダーの責務です。

それでは、単純に作業量を少なくすれば良いのでしょうか。

そうではありません。忙しすぎても、暇《ひま》すぎても作業能力が低下するのが人間です。何もすることがないとき、眠くなることは誰でも経験があるでしょう。このような状態では、人間の脳の働きが鈍くなっているために、忙しいときと同様にミスをおかしてしまう確率が高くなります。

仲間の宇宙飛行士の作業量を見極められなかったり、作業の優先順位を適切に決められないのでは、リーダーとして失格です。

(5)リーダーシップ

リーダーシップとはチームの安全を確保しつつ、チームに与えられた仕事を効率的かつ効果的に遂行、実現する能力です。

宇宙飛行士は、優れた資質を有する何百人もの応募者の中から選《え》りすぐられた人たちです。宇宙飛行士の誰もが、優れたリーダーになれる資質を持っています。その中で真に優れたリーダーとなるには宇宙飛行士に必要な知識や技量に加えて、人格や社会性といった側面も必要になります。

チームの雰囲気づくり

宇宙飛行士のリーダーは、チームの最高責任者です。チームの雰囲気づくり、部下に対する指導力と包容力、プロフェッショナルとしての実行力、そしてチーム内の争いを適切に処理する問題解決力など、いわばチームによる宇宙飛行時に必要なあらゆる技量が求められます。

チームの雰囲気づくりを行う場合、リーダーは自分たちに与えられた目標をわかりやすい言葉でスタッフに説明して、達成すべき目標をチーム全員で共有させます。達成目標が共有されたら、その目標達成後に自分たちが手に入れることができる利益をなるべく具体的にイメージさせます。

例えば、個人的なものであれば昇給や昇進などの報酬面や、周囲からの称賛や手にする名誉などがあります。大きな視点に立てば「人類共通の夢の実現」も利益の一つです。これは、宇宙飛行士族ならではのモチベーションかもしれません。

このようにリーダーは仲間の宇宙飛行士のやる気を引き出して、チームの士気を高めます。

もちろんリーダーの個性も、チームの雰囲気づくりに役立ちます。いつでも率先して仕事を行う活動性、誰とでも気軽にうち解けられる社交性、どんな場面でも周囲を和ませるユーモアセンス、安心して仕事を一緒にできる信頼性、また協調性などがリーダーとして望ましい個性です。

また別の視点から見ると、リーダーはある程度の権限を与えられており、スタッフにとっては「権威者」です。この権威を適切に使いこなすことも、リーダーには求められます。ただし厳しすぎる態度を取り続ければ、スタッフは萎縮します。

こういった傾向があるリーダーは、スタッフの忠告に素直に耳を傾けません。それが重なると、リーダーが明らかにミスをおかそうとしているような状況にあっても、スタッフが何も言わなくなってしまい、チームにとって取り返しのつかない失敗を招くことさえあります。

このようなリーダーとスタッフの関係を〝権威勾配《こうばい》がきつすぎる〟といいます。

その逆のケース。常に部下の機嫌を伺っているようなリーダーは、今度はスタッフになめられます。その結果、適切な場面で的確な指示を与えても、スタッフが従わず大きなミスを引き起こすことになります。

この場合のリーダーとスタッフの関係を〝権威勾配がゆるすぎる〟といいます。

つまりリーダーとスタッフの関係はどちらにも偏りすぎない〝適度な権威勾配〟が望ましいわけです。

リーダーは権限を持ってスタッフを指導しますが、常に部下に意見を求める姿勢を持ち、自分が間違っていると気づけば、その助言を取り入れる度量が必要です。このようなリーダーなら、スタッフはかえって尊敬し、同時に親しみも感じ、そして自然に信頼感を抱くことになって、チームが一つにまとまる大きな要因となります。

指導力と包容力

部下に対する指導力と包容力には部下の個々の能力を高めたり、潜在能力を引き出したりする働きがあります。

自分の知識と技量を惜しみなく部下に伝授することでチーム全体の能力が向上し、結果的に目標以上の成果をあげることができます。一般社会、特にビジネス社会においては、自分の知識と技量を部下に教えることで、自分の地位を部下に奪われないかと懸念するリーダーもいるかもしれません。

しかし宇宙飛行では、いつ自分自身が危険な場面に遭遇するかわかりません。そのとき自分を助けてくれるのは、仲間の宇宙飛行士以外にはいません。ですからリーダーは、常に仲間の能力向上に気を配ります。

またリーダーと部下の関係も、指導する者／指導される者の関係だけではありません。ときには、部下の私生活の悩みに耳を傾けることも必要です。その悩みが深ければ深いほど、相談されたリーダーもともに深く悩むことになります。結果的に良い助言をすることができなくても、それはそれで仕方ないのです。

大丈夫。部下は、一緒に悩んでくれたリーダーを必ず認めてくれます。このあたりは、一般社会も宇宙飛行士の世界も事情は変わりません。

プロフェッショナルとしての実行力

プロフェッショナルとしての実行力は、部下を率いるリーダーには欠かせません。

どんなに優れた知識と技量を持っていても、プロフェッショナルな実行力をともなわなければ、リーダーとして半人前です。プロフェッショナルとしての実行力を定義するのは、実はとても難しいことです。

ちなみに宇宙飛行士の観点から見れば「どのような困難な状況でも最後まで目標達成に最善を尽くし、危機に瀕《ひん》した場面においては自分と仲間の生命を守り抜き、必ず地球に帰ってくるという強い信念を持って行動できる力」と定義できるのではないでしょうか。

目標達成に最善を尽くすのは、最上質の訓練を受けた宇宙飛行士にとって、それほど難しいことではありません。ですが自分や仲間の命が危ぶまれる場面において、冷静かつ適切に行動するのは、かなりの能力と覚悟が必要です。

この能力と覚悟は、訓練だけでは獲得することができません。

一つにはどのような状況にあっても、必ず自分と一緒に行動してくれる仲間がいるという確信が必要です。このような仲間を得るには「このリーダーなら、必ず自分たちを生きて地球に帰してくれる」といった絶対的な信頼感と強い絆《きずな》がなければなりません。

宇宙飛行士は2年から3年もの長い間、同じチーム、同じメンバーで訓練を受けます。これは知識や技量を獲得するだけが目的ではないのです。

この数年間はお互いの能力を見極め、お互いの性格や考え方を理解し合い、そして最終的に「自分の命を預けることができる」という確信を得る過程でもあります。不幸にしてそのような確信が得られなかった場合は、そのチームを解散して、別なチームを再構成することになります。

チーム内の対立を治める

宇宙飛行士も人間です。チーム内で意見が対立することがあります。そのとき、リーダーはどのように対応すべきなのでしょうか。

第一に、対立の原因を見出すことです。原因が特定されたら、その原因と解決策について、チーム全員で議論します。このときリーダーが注意すべきことは「誰の意見が正しいのか」ではなく、「どの解決案が正しいのか」という方向の議論に持ち込むことです。

原因が技術的なことであれば、解決は比較的容易です。

人と人との意見の対立から、技術的な意見の対立へと論点を移すようにします。技術的に最適な解決策を見出すことができれば、チーム全員の成果となります。自分の当初の意見と結論が違っても、最適解を導き出せた満足感を得ることができますから、いま以上に深刻な対立にはならないはずです。

厄介なのは、対立の原因が人生観の違いや性格の違いに起因する場合です。どちら側に立っても遺恨《いこん》が生じます。このような場合、リーダーが取るべき対応として、唯一無二の正解はありません。

ただ一つ言えることは、調停者のリーダーまでが主観論に巻き込まれないこと。客観的な視点、例えばグループ内のルールや掟《おきて》（第２章参照）に照らして、是は是、非は非と告げつつ、対立するどちらの側にも立たず、中立の調停者に徹することです。

その線でいくとして、まずチーム内の人間関係、個人の性格などを分析する必要があります。そのためには日ごろから自分の部下たちの言動に注意して、行動や考え方のパターンを把握しておく必要があります。また個々のストレス耐性の強さや弱さも、問題解決に大きな影響を与えるでしょう。

したがってリーダーには、人間観察力を養うことが求められます。

それには、基本的に人間が好きであることです。でなければ、人の内面を探ることができません。またそういうリーダー相手でなければ、部下も自分の本当の姿を見せてはくれないのです。

(6)指揮命令

指揮命令権を有する者がその権限を適切に行使して、チームが与えられた任務を確実に達成させる能力です。

指揮命令権の範囲は、その組織における地位によって違います。一般論でいうと、組織のトップは全権を任されており、すべての決定に責任を有します。多くの組織は、ピラミッド型の組織体系です。下部組織になるほど、指揮命令権の範囲は限定されます。では、宇宙飛行士の世界ではどうかというと――。

指揮命令者の覚悟

宇宙飛行士の指揮命令権の範囲は文書化されており、その範囲を超えて行動することは許されていません。

宇宙飛行士のリーダーは与えられた任務を達成すること、また仲間の宇宙飛行士の安全を確保することに全責任を有しています。したがって安全確保が困難だと判断すれば、ただちに任務を中止して、地球に帰還するよう命令することができます。この権限は強く、たとえ自分より上位者のマネジメントが任務継続を命令しても、それを却下することができるのです。

むろん強い指揮命令権を有することは、同時に重い責任も負うことになります。

自分が下した命令によって、どのような結果になろうとも、進んで責任を取らなければなりません。その覚悟がなければ、部下に対して指揮命令権を行使することは控えるべきです。

それにその強い覚悟が部下に伝わらなければ、部下も命令に従わないでしょう。たとえ従ったとしても、しょせんは面従腹背《めんじゅうふくはい》でしぶしぶ行動するだけなので、良い結果など得られるはずがありません。どんな適切な言葉で命令を下しても、結果的に任務は失敗することになります。

指揮命令権の行使

それでは、どのように指揮命令権を行使すれば良いのでしょうか。

宇宙飛行士のリーダーの場合、まず自分とチームに与えられた任務を明確にします。これは、すべての基本なのです。そしてその任務の範囲内で自分に与えられた指揮命令権を仲間の宇宙飛行士に説明し、自分に与えられた責任範囲をはっきりさせます。

例えば「これこれの状況においては、自分の命令に従ってもらう。それ以外の状況では、各自、自分の判断で行動してもよい。なお、その結果については私が全責任を負う」と宣言できないようでは、リーダーとしては心もとないといえます。

指揮命令の内容は、言葉や文書で部下に伝えられます。このためリーダーとなる者は、言語能力（文章表現力を含む）に長けていなければなりません。

中には「自分は口下手だから行動で示す。黙って俺についてこい」といったリーダーもいるかもしれません。しかしこれは部下からすれば迷惑な話で、リーダーの意を汲《く》むのはかなり難しいことです。このタイプは宇宙飛行士のリーダーとしては不適格、とはっきり言っておきます。

コミュニケーションの項でも述べましたが、英語は行動を促す動詞が最初に告げられるので、命令が確実に伝わりやすい言語といえます。一方、日本語は動詞が最後に来るので、最後まで聞かないと命令の内容を理解できません。

ですから、日本人の部下に日本語で命令を下すときは、簡潔かつ短い言葉で、語尾を弱めずにはっきりと声に出すように注意することです。さらに、あらかじめ命令を下す場面を想定して、「この状況では、この言葉を使う」という約束ごとを部下に伝えておくのも有効です。

そのうえでこれを訓練によって習熟しておけば、命令がより迅速かつ正確に伝わります。

行動の意図を常に部下に伝える

命令を下す場面でリーダーが注意すべきことは、部下が命令を理解しているかどうかを確認することです。この確認を怠ると、部下が命令の内容とは違う行動をとってしまい、致命的な事態が発生することがあります。

命令を伝えたら、必ず部下に復唱を求めること。これは基本中の基本です。

一歩進んで、復唱と同じぐらい重要かつ効果的なのは、常に部下に自分の行動の意図を伝えるように気を配ることです。

なぜいまリーダーはこのような行動をとっているのか。この行動は、次にどのような行動につながるのか。このような予備知識を与えることで、部下の状況認識が格段に向上し、リーダーの次の命令を予測できるようになっていきます。

〝阿吽《あうん》の呼吸〟とは、このようなリーダーと部下の関係をいうのだと思います。

この阿吽の呼吸をチーム内で構築できれば、どんな状況でも一糸乱れず活動できる完璧《かんぺき》なチーム運営が可能になります。これもまた宇宙飛行士が2～3年間、同一チームで訓練を受ける大きな理由の一つです。

以上、ここまで記した宇宙飛行士の「管理能力」について、下に図表化しておきます（図④）。これはビジネスに応用できるとか、そのような狭い話ではなく、あらゆる人間の、その人生において重要な基本姿勢を示していると思います。

図④　宇宙飛行士が向上させる能力

Decision Making 意思決定	Situational Awareness 状況認識	Communication コミュニケーション
Workload Management ワークロード管理	Command 指揮・命令	Leadership リーダーシップ

第2章

宇宙飛行士の掟

本章では、宇宙飛行士として社会から信頼と尊敬を得るための心構えを紹介します。心構えですので、正式な規則ではありません。破っても罰則はありませんが、宇宙飛行士仲間の信用を失うことになります。ですから、いわば宇宙飛行士仲間の掟のようなものです。掟というのはたとえインフォーマルなものではあっても、守らなければ仲間うちでは生きていけません。これは宇宙飛行士の世界に限らないでしょう。

この掟ができたのは、NASA宇宙飛行士の歴史において最大の汚点というべき事件が発端となっています。それは女性宇宙飛行士による犯罪です。

その女性宇宙飛行士は、交際していた宇宙飛行士の浮気相手に対して、暴行・誘拐を企てるという常軌を逸した犯罪をおかしました。彼女は逮捕され、宇宙飛行士資格をはく奪されました。交際相手の男性宇宙飛行士も同じく、この事件により引退を余儀なくされています。

このとんでもない事件により、NASAの宇宙飛行士は米国社会からの信頼と尊敬を一気に失い、誇りはズタズタに切り裂かれました。掟は自信を失いかけた宇宙飛行士を奮い立たせるために、行動的な指針と精神的な指針をNASA宇宙飛行士室が定めたものなのです。

掟その1　行動的な指針

(1)プロフェッショナルとしての能力を磨きあげよ

「国民からの信頼回復のため、常にプロフェッショナルとしての能力に磨きをかけること」

これを行動的な指針の第一番目に掲げています。

宇宙飛行は常に生命の危険と隣り合わせです。その危険を取り除くため、自分に課された任務を熟知し、その任務達成のために最善を尽くさなければなりません。それを実践した者だけが、宇宙飛行という特権を得ることができます。

プロフェッショナルとは何か？

それでは、〝プロフェッショナル〟とは何でしょうか。

この定義は、さまざまです。私は「その仕事において、高い専門的知識を有するだけではなく、与えられた目標を確実に達成できるように絶えず能力向上を図り、自分と同僚、あるいは組織のため、その持てる能力を最大限に発揮できる職業人」と定義しています。

実際、宇宙飛行士は能力向上に余念がありません。一瞬のミスが、自分のみならず仲間の生命を奪うことを知っているからです。「自分と仲間の生命を守る」という責任感、そして「どのような状況でも必ず生還する」という執念が、プロフェッショナルとしての自覚を促すのだと思います。

訓練に手を抜くようになったり、自分の持っている能力を発揮できなくなったりしたときが、宇宙飛行士引退のときです。知力、体力、そして精神力を失った宇宙飛行士はその時点でプロフェッショナルではなくなり、宇宙飛行という特権を放棄、返却しなければなりません。

F-1ドライバーや航空機パイロットなど、宇宙飛行士と同じく危険と隣り合わせで仕事をしている人々も、プロフェッショナルとしての強い心構えを持っています。

「今朝まで笑顔で話していた同僚が、次の瞬間、事故でこの世にいなくなっている。自分自身でも感情をコントロールできないほど無念で悔しい」

このような話を航空パイロットの方から聞いたことがあります。

そして彼らは同僚の死を無駄にしないため、自分自身と乗客の生命を守るため、プロフェッショナルとして自分を厳しく律して、毎日、訓練、訓練です。

ビジネスの世界なら、命まで取られることはまずないでしょう。しかし、一つのミスが会社に莫大な損失を与えることもあります。それで会社が倒産すれば、生活基盤を失うことになります。倒産しなくても、職場にいられなくなることだってあります。

生活基盤を失えば、大切な家族を巻き込んでしまいます。そうならないように常に危機意識を持っておくことは、宇宙飛行士ならずとも大切なのです。自分自身と家族を守るため、「知力・体力・精神力」を念頭にぜひ能力向上に努めてください。

特に心構えなど、宇宙飛行士の文字どおり「命がけ」で仕事をする人たちから学べることは少なくないと思います。

知力・体力・精神力を養う方法

宇宙飛行士の訓練に、サバイバル訓練があります。

この訓練は、宇宙船が不時着したときに、救助隊が現場に到着するまで生き延びる術を体得することが目的です。サバイバル訓練は夏期と冬期に行われます。通常の不時着時では、船内から出ずに救助を待ちます。そのほうが生存率が高いからです。ですが、船内で火災が発生したり、海上着水時に船内に水が入ってきたときは、船外に脱出しなければなりません。サバイバル訓練ではこのような状況も想定して訓練が行われます。

夏期サバイバル訓練では、海上に宇宙船が不時着したことを想定して行われます。船内に海水が入ってきたとき生き延びるための第一関門は、宇宙船が海に沈む前に船外に脱出することです。脱出方法は、宇宙船によって異なります。船外に出ると、第二の関門が待っています。今度は小型のゴムボートを宇宙船内から取り出して、そこに乗り移らなければなりません。

あるいはソユーズ宇宙船では浮き袋のようなゴム製の救命スーツを着用します。→図⑤それができなければ、救助隊が現場に到着するまでに体力を使いきって溺《おぼ》れてしまうかもしれません。

季節は夏です。灼熱《しゃくねつ》の太陽は肌を焼き、身体から水分を失わせます。ゴムボートに乗り移ったあとは、わずかな食糧と水でエネルギーを補給して、体力の消耗を防ぎながら救助隊を待ちます。

冬期サバイバル訓練は、厳寒の雪原に不時着したことを想定して行われます。海上とは違って、宇宙船が海底に沈むことはありません。また、船内にいればある程度寒さに耐えることができます。ですが、船内で火災が発生した場合は、すぐに船外に脱出しなければなりません。しかし脱出後は、厳しい寒さとの戦いになります。

マイナス20度C以下の環境で生き残るためには、火をおこして身体を温めなければなりません。火はオオカミやクマなど、危険な野生動物から身を守るためにも必要です。救助に時間がかかって手持ちの飲み水がなくなることがあります。そのようなときは飲み水は雪を溶かせばつくれますが、夏期と違って小動物や食料となる植物は簡単には得られません。わずかな携帯食で飢えをしのがなければならないのです。

↓図⑥

サバイバル訓練にあたっては、事前に十分なリスクへの対処法を学んでいます。それに、

サバイバル訓練

図⑤

夏期サバイバル訓練

図⑥

冬期サバイバル訓練

実は訓練担当者が近くで待機していて、宇宙飛行士の状況を監視しています。「もうこれ以上は危険」と判断すれば、訓練を中止して安全な場所に誘導することになっています。

しかしどんなに手厚く保護されていても、サバイバル訓練は宇宙飛行士にとって非常に厳しい訓練です。この訓練を乗り越えることにより、宇宙飛行士はサバイバル術を学ぶだけではなく、生き抜くための基本となる体力と精神力に自信が持てるようになります。

そして極限状態をともに過ごした仲間の宇宙飛行士との間には、他人には測り知れないほどに強い信頼関係が生まれて、チームの結束力が強固になります。

自分を鼓舞し続ける執念

どうすればプロフェッショナルとしての心構えを維持できるのでしょうか。

第一に、自分の自信を支える高い能力を維持している必要があります。それと同じぐらい重要なこととして、〝動機づけ＝モチベーション〟があります。動機づけとは、心理学用語で「人間をある行動に駆り立てる誘因」です。

動機づけには、〝外発的〟な動機づけと〝内発的〟な動機づけがあります。

外発的な動機づけは、仕事を成功させると昇給・昇進したりするなど、眼に見える形で提供される誘因です。つまり「ご褒美《ほうび》」です。その人にとって魅力的なご褒美であればあるほど、動機づけが強くなり、その動機づけを維持することが容易になります。

内発的な動機づけは、その行動自体が自分自身へのご褒美となるものです。この内発的な動機づけを持っている人は「仕事がおもしろい。もっと大きな仕事がしたい」というように、仕事をすること自体で満足感を得られる状態にあります。

宇宙飛行士の場合は「宇宙へ行きたい！」という一念が、一番の動機づけになっています。この非常に強い内発的な動機づけがあるからこそ、厳しい訓練にも耐えることができ、どのような障害も乗り越えることができるのです。

一般的には外発的な動機づけよりも、内発的な動機づけのほうが人間を行動に駆り立てる強い誘因になります。

さらに言えば、その動機づけを長い間維持し続けることができます。

短期的に成果を出す必要がある場合には、例えば臨時ボーナスを出すなど、外発的な動機づけを利用すると効果があります。ただし常に報酬を出していると、それが当たり前になってしまいます。すると今度は要求がどんどんエスカレートしていって、最後には報酬がなければ仕事をしないといった、どうしようもない人間を育ててしまうことになりかねません。

みなさんの周りに、内発的な動機づけを利用して、部下が「仕事がおもしろくて仕方がない。もっと仕事がしたい」といった状況に導けるリーダーはいますか。

もしそんなリーダーがいたら、そのチームに加われるように努力してみてはどうでしょう。確実に仕事が楽しくなります。自ずと仕事の能力もどんどん向上します。このような上司が率いるチームこそ、すなわち最強の集団なのです。

プロフェッショナルとは〝あきらめない〟こと

2011年6月8日、古川聡宇宙飛行士はバイコヌール宇宙基地からソユーズロケットで宇宙へ旅立ちました。古川宇宙飛行士の初飛行です。

古川飛行士の12年以上に及ぶ努力と忍耐が花開いた瞬間でもあります。

古川宇宙飛行士が宇宙飛行士候補者に選抜されたのは、1999年2月でした。一緒に選抜された同期は、JAXAのエンジニアとして国際宇宙ステーション開発の現場で活躍していた星出彰彦と山崎（当時は角野）直子です。

古川宇宙飛行士の前職は、消化器外科の医師です。

医師の道を捨てて、宇宙飛行士へと人生の舵《かじ》を大きく切りました。選んだ道のりは、順風満帆ではありませんでした。古川宇宙飛行士の初飛行を阻むように、いろいろな出来事が起こりました。そのたびに「本当に、宇宙へ行けるのだろうか？」といった不安が胸をよぎったことと思います。

最もショックが大きかったのは、2003年2月1日に起こったスペースシャトル・コロンビア号の事故ではないでしょうか。

事故調査と再発防止の処置が終わるまでの2年半の間、スペースシャトルの飛行は中断しました。事故以来、飛行再開のめどが立たない状況で、古川宇宙飛行士は「必ず自分の出番がくる」、そう信じて黙々と訓練を継続しました。

スペースシャトルの飛行が再開されて、日本人宇宙飛行士の国際宇宙ステーションへの長期滞在が始まっても、古川宇宙飛行士の搭乗機会は巡ってきませんでした。

同期の星出宇宙飛行士と山崎宇宙飛行士が自分より先にスペースシャトルに搭乗することが決まったとき、古川宇宙飛行士は「どうして自分は選ばれなかったのだろうか」と思い悩んだだろうと思います。

搭乗機会が巡ってこなかったのは、何も古川宇宙飛行士の能力が他の宇宙飛行士より劣っていたからではありません。

誰をどのフライトに搭乗させるかは、ミッション目的やフライト時期、同乗する他の宇宙飛行士との組み合わせなど、さまざまな要因を考慮して総合的に判断して決定されます。

これはビジネスの世界での人事と同じです。

どんなに能力が高くてもポストの空きがない、その人の専門分野とプロジェクトの目標が適合しないなどのさまざまな要因が絡み合って、自分が望むキャリアパスを踏めないことはよくあることです。組織人の宿命とあきらめるしかありません。

それは重々わかってはいても――、自分より先に先輩や同期の日本人宇宙飛行士が宇宙への切符を手にしたとき、古川宇宙飛行士の心は穏やかではなかったと思います。ですが、フライトが決まった同僚に対して、古川宇宙飛行士はいつもの笑顔で「おめでとうございます」と声をかけていました。

私たちには「今後も訓練を頑張ります」と挨拶《あいさつ》をして、何ごともなかったかのように訓練に励みます。

古川宇宙飛行士のこの姿から、どのような状況でも折れない心の強さ、同僚の成功を喜べる心の広さ、自分の置かれた状況を受け入れる柔軟な心、そして「絶対に宇宙に行くんだ」という執念を感じ取ることができました。

２０１１年6月10日、ソユーズ宇宙船を出て、国際宇宙ステーションに初めて入室する古川宇宙飛行士の姿がテレビ画面に映し出されました。あの彼が、いま宇宙にいるのです。そのときの満面の笑顔を、私は忘れることができません。

これまで見てきた古川宇宙飛行士の笑顔の中で、一番すてきな笑顔でした。

古川宇宙飛行士が、病気で療養中の子どもたちに宇宙から語りかけた言葉があります。

「大変なときでも、今日は昨日より、明日は今日よりも良くなると考え、自分にできることを積み重ねて……」。まさしく古川宇宙飛行士の人生そのものです。

私には、この言葉は古川宇宙飛行士が地球上のすべての人に向けて発信したメッセージのように思えました。やさしさと強さを持つ彼こそ、プロフェッショナルです。

彼を見ていると、プロフェッショナルとそうではない人との違いがよくわかります。どのような逆境でも自分の能力と未来を信じて、さらに前に踏み出す勇気を持っている人、その人はまぎれもなくプロフェッショナルなのです。

(2) チームワークで行動せよ

掟の二つ目の行動指針は、〝チームワーク〟です。

宇宙飛行士は、高い技量と能力を持つ〝選ばれた者たち〟の集団です。このような人たちが陥りやすい落とし穴は自分自身の能力を過信して、自分以外のメンバーを「上から目線」で見がちなことです。

ですが、実際のNASAの宇宙飛行士たちは違います。宇宙飛行という特権は個人に与えられたのではなく、宇宙飛行士チームに与えられたものであると彼らは考えています。ですから、常にチームワークを意識して行動しています。

すべての宇宙飛行士が必ず言葉にするのは、「一緒に搭乗する仲間の宇宙飛行士、私たちを支える地上職員、そして家族の支えがあるからこそ、自分は宇宙に行くことができる」ということです。

国際宇宙ステーションでは、打ち上げの約2年半前に搭乗する宇宙飛行士が決定します。そして決定後は、チームはミッション終了まで一緒に行動します。

打ち上げまでの2年半でもし相性が悪いと判断されたら、メンバー交代もあります。しかし、これまでメンバー交代が起こったことはありません。なぜ宇宙飛行士チームは良好な関係を維持できるのでしょうか。

同じ釜の飯を食うことの意味

宇宙飛行士は宇宙飛行士候補者に選ばれた段階で、すでに高いチームワーク能力を有しています。ですが、どんなに潜在能力が高くてもその能力に磨きをかけなければ、すぐに錆《さ》びついてしまいます。

このことを知っているからこそ、宇宙飛行士はチームワーク能力の向上に余念がありません。

代表的な訓練として、NOLS（National Outdoor Leadership School）と呼ばれる訓練があります。NOLS訓練は7～8人程度でチームをつくり、山岳や渓流など自然環境の中をチームが一丸となって目的地を目指すものです。訓練期間は2週間程度です。この間、24時間一緒に寝食をともにすることがNOLS訓練のキーポイントです。

若田光一宇宙飛行士が尊敬する宇宙飛行士の一人に、ロシアのゲナディ・パダルカ宇宙飛行士がいます。パダルカ宇宙飛行士は、若田宇宙飛行士と一緒に国際宇宙ステーション

（ISS）に長期滞在したときのリーダー宇宙飛行士でした。
彼は仲間の宇宙飛行士に「どんなに忙しくても、食事は一緒にとろう」と提案したそうです。食事をとりながら、仕事の話や家族の話など、自分の気持ちを語り合うことでお互いの気持ちを通い合わせることができると考えたようです。

パダルカ宇宙飛行士は、通算で900日以上も宇宙に滞在した世界トップクラスの宇宙飛行士です。この宇宙飛行士が導き出したチーム行動の原点は、日本でいう「同じ釜の飯を食う」ということでした。このことからも、24時間寝食をともにするNOLS訓練はチームワーク能力の向上に適した訓練だといえます。

若田宇宙飛行士は、船長就任後のコメントで「仲間と一緒に夕食をとることに決めた」とありました。これを聞いた私は、さっそく若田流の〝和〟のリーダーシップをとり始めているなと思いました。

スポーツの世界では、合宿というものがあります。学生スポーツでは、通学時間を練習に充てることができるので、時間的には目に見えて効果大です。

しかし合宿の効果は、そればかりではありません。24時間寝食をともにすることでお互いのことがよりよく理解し合えますし、厳しい練習を乗り越えたという信頼関係を築けることもまた、測り知れない大きなメリットだといえます。

訓練で向上できる能力

ＮＯＬＳ訓練は、厳しい自然環境の中で行われます。猛暑の中、汗だくになりのどの渇きに耐えながら、起伏の厳しい山岳地帯を縦走します。ときには、切り立った岩壁をよじ登ることもあります。あるいは厳寒の雪深い山岳地帯をクロスカントリーのようにスキーで滑走することもあります。厳しい自然環境は体力を奪い、疲労で気力が徐々に失われていく。このようなストレス下において、宇宙飛行士はリーダーシップ能力、チームワーク能力、そして自己管理能力の向上を図ります。

ＮＯＬＳ訓練では、リーダーが毎日交代します。

リーダーはその日の行動計画をつくり、各自の役割をメンバーに伝えます。リーダーはその1日、チームの安全確保と目標達成に全責任を持っています。気象条件、メンバーの体調、地形などを絶えずモニターして、状況によっては計画変更を行うのもリーダーの重要な任務です。計画変更は、チームが最大限の力を発揮できるように行わなければなりません。

また危険を予測して安全を確保できないと判断したら、状況が好転するまでその場に留まる勇気が求められます。

リーダー以外のメンバーは〝フォロワー〟と呼ばれます（本書では、文脈によって、メンバーとフォロワーを使い分けていますが、両者は同じ意味です）。

リーダーとフォロワーは、会社では上司と部下の関係に相当します。リーダーが毎日交代するので、リーダーの性格によって、チーム行動の基本方針がその日によって少しずつ変わります。ですからフォロワーは、リーダーとなる人の行動や思考パターンを理解しておく必要があります。

リーダーの指示どおりに行動するだけで良しとするような考え方では、フォロワーは務まりません。

リーダーシップとは

ＮＯＬＳ訓練でチームに与えられる基本的な目標は、決められた地点に与えられた課題をこなしながら安全に到着することです。リーダーはこの目標達成のため、リーダーシップを発揮してチームを統率する役割を担っています。ＮＯＬＳ訓練の目的は、リーダーに求められる具体的な行動と思考パターンを学ぶことです。

以下にNOLS訓練で宇宙飛行士に求められるリーダーシップを説明しましょう。

1　目標設定の能力　「自分たちはどこを（何を）目指しているのか」、「各自の役割と責任は何か」など、チームが達成すべき目標を明確かつわかりやすく設定する能力です。目標を設定しても、それがチーム内で共有できなければ、各々の行動はバラバラになってしまい、何の意味もありません。

リーダーには、既述どおり目標設定の根拠とその妥当性を言葉と文書でメンバーに伝えるコミュニケーション能力が必要とされます。チームで行動する限り、自分は文章が下手とか、口下手といった言い訳はリーダーが取るべき態度ではありません。

2　状況認識と判断能力　正しい判断を行うには天候状況、地形、メンバーの体調などに常に注意を払い、適切な状況認識を行える能力が求められます。そして状況認識と目標達成にズレがあれば、それを修正するのがリーダーの責務です。

天候悪化が予測され、危険な地形を移動しなければならない場合、目標地点に定められた時間内に到達できなくても、その場でキャンプしてリスク回避をするのが、リーダーとして正しい判断となります。組織による自分への評価を気にして、メンバーを危険にさらすようではリーダー失格です。

リスクが去れば、今度はただちに目標達成のための計画修正作業が求められます。

3　コミュニケーション手段の使い分け

自分の意思を、明確にそしてわかりやすくメンバーに伝える能力です。伝達手段はメンバーへの必要な情報連絡、チーム内での議論、個人対個人の会話など、状況に応じて使い分ける必要があります。

情報連絡の場合は、自分が何のために、何を伝えようとしているのかを短時間で要領よく話すことを心がけます。長々と話すのは禁物です。それでは伝えたいことがメンバーにうまく伝わらず、誤った行動を導くことになりかねません。

チーム内で議論する場合は、メンバーが全員で結論を導き出したような気持ちになるような進行を心がけます。当然ながら、押しつけられた結論よりも、自分たちで決めた結論のほうが人間は従いやすいものです。

個人対個人で話をする場合は、他のメンバーに聞かれないように、さりげなく離れた場所で話をするのが適切です。特に、叱責《しっせき》するときはなおさらです。「他のメンバーの前で恥をかかされた」と相手が思ってしまうと、リーダーへの敵愾心《てきがいしん》となってしまいます。

チーム内で気持ちの緩みがあると感じた場合、あえて特定の個人を名指しで叱責することがあります。このやり方は、安全確保には有効な手段です。

このとき注意すべきことは、叱責する相手の選び方です。メンバーの中で優れた能力を持ち、かつ外交的で楽観的な人を選ぶのが原則です。

昔々の話ですが、プロ野球の巨人軍の監督だった川上哲治さん（平成25年10月28日、逝去）が同じことをしています。みんなの前で叱られたのは、当時のスーパースターだった長嶋茂雄さんと王貞治さんだったそうです。この二人のうち、叱られたら考え込む生真面目な王さんよりは、先天的楽天主義者のような明るい長嶋さんを叱責の対象によく選んだということです（笑）。

チーム構成を考える際に、そのような人を見つけておいてメンバーに加えておくのも良いと思います。

4　調停役としてのリーダー

メンバー間で意見が対立することがあります。このためリーダーには、チーム内の争いごとを治める調停能力が求められます。調停に失敗して、例えば個人対個人の争いにしてしまったら最悪です。その後のチーム活動が、どうしても〝ぎくしゃく〟します。

ですから、調停は客観的な事実で行うのが原則です。具体的には、「誰が正しいのか」

ではなく、「何が正しいのか」を判断基準にするようにします。

議論が紛糾した場合は、結論をメンバーに伝えた後、結論に至った判断基準を説明することを忘れてはなりません。その判断基準にメンバーが納得すれば、どのような結論になっても受け入れやすくなります。結果的に意見が通らなかったメンバーへの配慮を欠いてはなりません。

「あなたの意見がきっかけでチーム内で活発な議論ができたから、こうして良い結論を得ることができた」といったような〝ねぎらいの言葉〟を一言かけることで、リーダーに対する信頼はグンと高まります。〈この項、第1章43ページ参照〉

5 メンバーをよく知り、気配りをする

メンバーの専門分野、経歴や性格をよく把握することは重要です。例えば国際宇宙ステーションは国際クルーで構成されます。このため、メンバーの国籍とその国の文化を知って理解する必要があります。

また技術的な課題などは、専門家の意見を聞くのが解決の近道です。リーダーだからといって、全部自分で解決しようとは思わないことです。一人一人の能力を最大限に活用できるリーダーこそが、最大限の成果を発揮できるチームをつくります。

ＮＯＬＳ訓練のように厳しい自然環境はメンバーの気力と体力を奪います。そのような

ときほど、リーダーのちょっとした言動が効果を発揮するのです。気の利いた言葉や行動は、必ずしも必要ありません。リーダーが常に自分たちメンバーのことを気遣っていることが伝われば、それだけでチームの士気は高まります。

チームワークづくりのコツ

リーダーとフォロワーが一体となって、初めて良好なチームワークをつくり上げることができます。宇宙飛行士はＮＯＬＳ訓練を通じて、チームワークの大切さとチームワークづくりのコツを学びます。

1　良好な人間関係構築のコツ

メンバーには親切な態度で接することです。親切にされて気を悪くする人はいません。ただしその行動に打算があれば、すぐに見破られてしまいます。

その結果、どのような行動をとっても何か裏があると思われて、せっかくの援助の手まで拒否されてしまうようになります。そうなったら、もはや最悪です。

相手に対する尊敬の念を持つことも大切です。ネガティブな感情は自分に跳ね返ってきます。それでも言いにくいことを言わなければならない場合があります。特にＮＯＬＳ訓練の場合は、たった一人であっても安全性を損なう行動は、チーム全体を危うくします。チーム内に排他的な言動、敵愾心、足の引っ張り合いがあった場合、ためらうことなくメンバーに是正を促すべきです。

このときユーモアを交えて話すと、チーム内の緊張緩和に効果があります。

日本人は、欧米人に比べてユーモアが苦手です。上達するには、とにかく場数を踏むしかありません。訓練だと思って、あなたも挑戦してみてください。最初は笑ってはくれないかもしれません。でも、チームを和ませようと一生懸命であることが相手に伝われば、下手なジョークであっても十分に効果があるはずです。

2　リーダーを支えるコツ

チームワークづくりは、リーダーだけの責任ではありません。チーム全員で築くものです。その意味において、フォロワーシップはリーダーシップと同じように重要な要素といえます。

ＮＯＬＳ訓練で求められるフォロワーシップとは、リーダーの指示やメンバーの要望に真摯《しんし》に対応し、リーダーを補佐してチームに与えられた目標達成に貢献することです。リーダーの言うことに盲目的に追従するのがフォロワーシップではありません。フォロワーシップはチームに与えられた目標と自分の役割を正しく理解し、チームのために働き、目標達成に少しでも貢献することにあります。

目標達成のためには、リーダーに対してときには諫言《かんげん》することもフォロワーの責務なのです。

フォロワーに求められる能力は、状況認識能力、判断能力、コミュニケーション能力、問題解決能力、協調性、調整能力、ワークロード管理能力です。良いフォロワーは、これらの能力をリーダーとメンバーのために使います。チーム内での自分の立場を上げたり、自己主張のために能力を使ったりはしません。常にチームの目標達成を第一に考えて行動します。

ですから良いフォロワーは、良いリーダーになる素質を十分に備えている人だと言えます。次期リーダーを選ぶ場合、良いフォロワーシップを発揮した人の中から選ぶと、だいたい大きな間違いはありません。

一方で、能力が高いフォロワーが陥りやすい欠点として、リーダーと対立しやすいことがあげられます。ともすると自分の能力を過信して、リーダーよりも自分のほうが優れていると錯覚してしまうのです。リーダーと対立すればチームの結束が乱れて、結果的に目標達成を遠ざけてしまいます。

この基本がわからないようでは、いくら能力が高くてもチームを統率するリーダーとしての資質には欠けると言わざるをえません。

自己管理のコツ

自分自身を管理できない人がチームを率いても、チームのために貢献できるはずがありません。NOLS訓練が厳しい自然環境を訓練場所に選ぶのは、ストレス下でも自分自身の状態を冷静に分析して、心身のケアを自分でできる能力を養うためです。

自分自身への気づきは、自己管理に欠かせません。NOLS訓練で山岳地帯を歩きまわりながら、宇宙飛行士は内に向けて「疲れていないか?」「イライラしてはいないか?」「行動が遅くなってはいないか?」などと問いかけて、自分の〝身体・心・行動〟に絶えず注意を払っています。もし疲れを感じたら、そのことをリーダーに伝えてただちに歩く速度を緩めるなどの対応をとって、体力の温存に努めるのです。

動けなくなるほど頑張れば、かえってチームに迷惑をかけることを彼らは熟知しています。

疲れがたまってくると、心に余裕がなくなります。ふだんなら何でもない、ちょっとしたメンバーの言動にいらだったりします。自分では意識できなくても、心の乱れは声音や言葉遣いなどに表れるものです。それがメンバーに伝わって、チーム内にネガティブな雰囲気となって伝播《でんぱ》します。

自分の行動の一つ一つが荒くなった、あるいは動作が緩慢になったと気づいたら、躊躇《ちゅうちょ》しないで休憩すべきです。自分自身の微妙な変化に気づくことができれば、ストレスが小さいうちにうまく対処できて、深刻な事態を招くことはなくなります。

では自らの微妙な変化に気づくようになるには、どうすれば良いのでしょうか。

一つの方法として、自分の心身が安定している状態を知ることです。

例えば安心できる人と一緒にいるときに、自分の身体動作、心の動き、話し方などに注意してみてください。相手に向けている視線はやさしいまなざしになっているのではありませんか。そしてまた、穏やかでゆっくりとしたリズムで話しているのではありませんか。

こういった自分自身の安定状態をイメージとして持つことができれば、その状態からのズレに気づくことができるようになります。

掟その2　精神的な指針

(1)清廉潔白であれ

この掟は「宇宙飛行士は、規則、法律、そして道徳的な規範を守れ」と言っています。当たり前のことです。でもそれを明言しなければならないほど、この章の冒頭にあげた女性宇宙飛行士の犯罪は、NASA宇宙飛行士の心に深い傷を残しました。

みなさんの多くは、宇宙飛行士の中に理想の人間像をイメージしていると思います。それは、ほぼ100パーセントまで正しいのです。

ほとんどの宇宙飛行士は高い能力を有しており、目標達成のために全力を尽くします。そして人格的に優れ、尊敬すべき人間たちです。

その一方で〝やんちゃ〟な部分を持ち、ときには羽目を外すことだってあります。しかし誰もが知るように、これは言下に否定すべきような行動ではありません。完全無欠な人よりも、ちょっと欠点があった人のほうが人間味を感じて接しやすい――そう感じるのは私だけではないと思います。

とはいえ、フライト前は危険な活動は禁止されています。

スポーツであっても、野球、ラグビー、サッカー、スキーなど、怪我をしやすいスポーツは原則禁止なのです。ところが、どうしても遊びたい気持ちが抑えられずに、こっそりと超小型飛行機の競技会に参加してしまった宇宙飛行士がいます（日本人ではありません）。不幸なことに空中接触事故を起こして、規則破りが発覚してしまいました。

マネジメントからすれば、とんでもない宇宙飛行士です。この宇宙飛行士はフライト禁止、さらに約1年間の謹慎処分を受けました。宇宙飛行士も人間、魔がさしたとでもいうべきか、なかなか難しいものです。

それでは、どうすれば規則を守らせることができるのでしょうか。

自発的に規則を守らせる方法

規則を守らせる方法で最も効果があるのは、誰からも命令を受けないのに自ら正しい行動をしてもらうようにすることです。

つまり、「自発的に規則を守らせる」。これです。もし所属する組織、集団に対して強い忠誠心を持てば、彼には自ら進んで規則を守る心構えが育ちます。

そのためにリーダーが果たすべき役割は極めて重要です。

1 信頼感と安心感

リーダー自身が、組織に対する肯定的な態度を部下に見せなければなりません。

リーダーが組織に対して不信感を持っていると、その気持ちは部下に伝わります。その結果、部下は組織に対する不信感と不安感を持つに至ります。これとは逆に、リーダーが組織に対する信頼感と安心感を持っていることを部下に示せば、部下にも組織への忠誠心が育つものです。

組織に対する信頼感と安心感を高める方法の一つに、リーダーが部下を〝守る〟姿勢があります。

リーダーはいつも部下の背後で見守っていることを、言葉と態度で示してあげてください。「この上司は何かあったら必ず自分を助けてくれる」という確信を持てれば、部下は安心して働けます。こういう部下はほかでもない自分が安心できる職場なのですから、それを壊すような愚かな行動はとりません。

ただしその部下が自分の能力を最大限に発揮して、目標達成に最善の努力をしていることが上司としては彼を保護する基本条件でしょう。そうでない部下を盲目的に保護すれば、他のメンバーに不公平感が広がり、リーダーへの信頼感は失われます。

2 使命感

自分たちが目標を達成することで、社会全体に大きな利益をもたらすことを知っていれば、所属組織に対する忠誠心が自然に育ちます。

そのような集団では誰かに指示を受けなくても、メンバー全員が目標達成に最善を尽くすものです。このような好循環をつくるためには、リーダーは部下に対して自分たちの仕事の目的と、その意義をしっかり理解させる必要があります。さらに組織が期待していること（達成目標）を文書で示し、繰り返し口頭で伝えることです。

そしてリーダーは日々、自分たちの仕事がどのような利益を社会全体にもたらすのか、そのことを部下に理解させようとする努力を惜しんではいけません。「自分の仕事が社会の人たちに役立ち、多くの笑顔や希望をもたらしている」。この確信が得られれば、組織への忠誠心は育ちこそすれ、決して失われません。

――良心に恥じぬということだけが、我々の確かな報酬である。

これは、『神様のカルテ2』（夏川草介著　小学館文庫）という小説に書かれている言葉です。

登場人物の一人は、周りからどのように思われようとも、自分の良心に基づいて行動します。その行動は自分自身のためでなく、他人のためであっても、彼の信念は変わりません。その行動により多くの人が利益を得ても、自分自身への感謝など、一切の報酬を求めない潔さです。

「なぜ、そこまでするのか」といった問いかけに対して、この登場人物から先の言葉が返ってきます。

仕事に対する報酬を望むのは、当然の権利です。ですが、報酬は金品などの目に見えるものばかりではないことを、この言葉は教えてくれます。

宇宙飛行士もそうです。宇宙飛行士は高給取りだと思われているかもしれませんが、決してそんなことはありません。あるいは読者諸氏には意外かもしれないですが、国家公務員に準じた給与体系です。

それでも宇宙飛行士を続けていられるのは「自分がいま危険を冒して宇宙に行くことで、将来、人類が安全に宇宙で活動する可能性を広げることができる」という強い使命感があるからです。この使命感があるからこそ、宇宙飛行士は事故への恐怖に打ち勝ち、また厳しい訓練にも耐えることができます。

そして他方では、そのような仕事を与えてくれる組織に感謝して、その期待に応えようとするのです。

かの女性宇宙飛行士の事件で誇りを失いかけたＮＡＳＡの宇宙飛行士たちは、いま再び強烈なる使命感を燃やし、自分たちの行動を厳しく律して、社会からの信頼回復へと努力し続けています。

強制的に規則を守らせる方法

「規則を破ったら罰を与える」。このやり方には即効性があります。

ただし使い方を誤ると、個人のみならず、組織を崩壊させる劇薬ともなります。理想的には、いま述べた「自発的に守らせる」方法が望ましいのはもちろんなのですが、残念ながら、現実的には処罰なしに規則を守らせるのは困難と認めざるをえません。

処罰を与えるのは最後の手段です。

かといって、いざ「処罰すべき」だと判断したら、その実行をためらってはいけません。

口頭による叱責であれば、すぐその場で注意を与えるのが効果的です。

時間をおいて叱責しても、すでに本人が忘れていることだってあります。これだと「なぜいまごろになって怒られたのだろう」と、リーダーに対して不信感を抱かせることにもなりかねません。いらぬ配慮のカラ回りで、実にバカバカしい限りです。

もしすぐに処罰できないのであれば、その違反行為をなかったことにしたほうがましだとさえ思います。

先にも述べましたが、口頭による叱責は人のいない場所で行うべきです。反省と後悔の気持ちよりも、人前で恥をかかされたというネガティブな感情のほうが強く残ってしまうからです。ちなみに、国際宇宙ステーションの個室は、二人が入れる大きさになっています。その理由の一つは周囲に聞かれたくない話（叱責や訃報《ふほう》など）をするとき、それを伝えるリーダーと宇宙飛行士が二人になれる空間を確保するためでもあります。

処罰が難しいのは、それを判断するのが人間だからです。

ときに事実誤認があることは否めません。聞き取り調査を行う場合は、十分に注意を払う必要があります。事実に尾ひれがついたり、当事者を快く思っていない人が悪意のある報告をすることだって、ないとは言えないのです。

ことに懲戒免職のような厳しい処分を与える場合には、迅速性よりも確実性が重要視されなければなりません。

処罰の軽重は、違反行為が組織全体に与える影響の程度と、違反行為を行った当事者の状況を考慮して決める必要があります。三角関係のもつれで犯罪を起こした例の女性宇宙飛行士の事例では、彼女は有罪となりＮＡＳＡを懲戒免職になりました。

一方、その原因をつくった相手の男性宇宙飛行士は引退に追い込まれました。

単なる三角関係のもつれであれば、男性宇宙飛行士の場合は、当面、フライト停止や期限付きの資格停止処分で十分でした。ですがこの犯罪は、まず宇宙飛行士に対するアメリカ国民の信頼と尊敬を失墜させました。そればかりか、仲間の宇宙飛行士とその家族まで巻き込み、多方面に深く大きな傷を残す結果となっています。

そのことを考えれば、ＮＡＳＡが男性宇宙飛行士の引退を引き止めなかったのは、やむをえない判断だったろうと私は思っています。

⑵万人の公僕であれ

この掟は「自分たちへの信頼と名誉は個人ではなく、宇宙飛行士という職業に与えられたものである。そして我々が宇宙で活動できるのは、その背後で働く多くの人たちの支えがあるからである」ということを宇宙飛行士全員に再認識を促すものです。

確かに宇宙飛行士は特別な存在です。アメリカ大統領にも会うことができます。日本人宇宙飛行士であれば総理大臣に会うことができます。そのことで自分が偉くなったように勘違いをするようであれば、その宇宙飛行士には二度とフライトの機会は与えられないでしょう。

この掟には、このような説明が付け加えられています。

「我々宇宙飛行士は、NASA全職員と信頼関係でつながっている。このような信頼関係を維持するためには仕事でも、仕事以外でも、我々は常にプロフェッショナルとして行動しなければならない。そして我々は、同僚、家族、そしてNASAの期待に可能な限り応えるよう、最大限の努力を払うべきである」

謙虚であること

この掟を忠実に守っている宇宙飛行士の一人に、若田光一宇宙飛行士がいます。

もっとも若田宇宙飛行士の場合は、掟を守っているという特別な意識はないように見えます。自然ににじみ出る言動からいって、もともとそのような行動パターンを身につけている人のようなのです。若田宇宙飛行士と一緒に仕事をしていると、そのことが実感できます。

また若田宇宙飛行士と技術者たちとの間には、信頼と尊敬、そして高い能力に裏づけられたプロフェッショナルな精神によって、強固な人間関係が築かれています。

以下にその一例を紹介します。

宇宙飛行士の仕事は、宇宙飛行と訓練だけではありません。技術者とともに新しい機器や運用手順書を開発することも、宇宙飛行士の大切な職務です。

ときには宇宙飛行士を代表して、技術者たちに反対意見を述べなければなりません。そのようなとき若田宇宙飛行士は、まず技術的な説明をしてくれたエンジニアたちに感謝の言葉を伝えます。

「非常にわかりやすく説明していただき、ありがとうございます」

この言葉に続けて、それまでの技術者たちの仕事ぶりに敬意を表します。

「ここまで仕上げるのに大変なご苦労とご努力があったと思います。みなさんと一緒に仕事ができて本当に勉強になりました」

ここまで来ると、技術者たちはもう若田宇宙飛行士の言葉に耳を傾けざるをえない状況になっています。落語でいう「枕」で、すでに技術者たちの心をつかんでしまっているわけです。

そして本題の反対意見を述べます。このときでも相手のプライドを傷つけないように、慎重に言葉を選びながら意見を述べていることがよくわかります。

反対意見の根拠に関する説明は、非常に丁寧でわかりやすいのが若田宇宙飛行士の特徴です。反対意見を述べるだけでは、意見の言いっ放しになります。反対意見を言うだけでなく「ではどうすれば良いのか」「どうしてほしいのか」相手が受け入れやすい代替案を示す必要があります。

若田宇宙飛行士が示す代替案は具体的かつ論理的、説明もまた明快です。

そして議論の結果として自分の意見が十二分に通ろうが、あるいは十分にまでは通らなかったとしても、彼は最後に相手に対する感謝と尊敬の言葉をかけるのを忘れません。「ご検討いただきありがとうございます。みなさんのおかげで良い解決策を見出すことができました」

最後に見事なダメ押し……ですね。

ここまで言われると、もうほとんどの技術者が若田宇宙飛行士の人柄にほれ込んでしまいます。心からの謙虚な行動は自分のみならず、組織全体を動かす原動力になります。そのことを実践して見せてくれているのが、若田宇宙飛行士なのです。

国民の期待に応えること

宇宙飛行士の給料も、宇宙飛行にかかる費用も、そのほとんどが税金から支払われます。宇宙飛行士はこのことを十分に認識しています。NASA宇宙飛行士室が掲げたこの掟には、「自分たちは、国民の貴重な財産を託されている。そのことに十分に配慮して、国民の信頼に背く行為は絶対に慎まなければならない。まして、不当に人や物に危害を与えてはならない」といった説明が付けられています。

この言葉からは、宇宙飛行士によるアメリカ国民への誓いと決意が読み取れます。

一般社会ではどうでしょうか。

民間企業は収益と出資金に基づいて、事業が運営されます。税金とは違い、国民一人一人から徴収されたお金ではありません。

ですが自分たちが汗水たらして得た収益、貴重な財産の一部を投資してくれた株主からの出資金には、税金と同じような重みがあるのではないでしょうか。そのことを認識していれば、自分たちの苦労をないがしろにしたり、出資者の期待と信頼を裏切るようなことはできないと思います。

お金を大切にすることは、自分の仕事を大切にすることでもあるのです。

宇宙飛行士は引退しても宇宙飛行士という集団から切り離されることはありません。引退後も宇宙飛行士としての責務を負っています。ちょっとした軽率な行為であっても、そのことで国民から非難を浴び、築き上げてきた信頼を失うのは現役・引退を問わず宇宙飛行士全員です。だからこそ宇宙飛行士という集団は、結束力が強固なのだと思います。

ラクビー界の名言「一人はみんなのために。みんなは一人のために」。宇宙飛行士には、この言葉がよく似合います。

第3章

宇宙飛行士にみる能力の磨き方

平成20年度に実施された日本人宇宙飛行士の選抜では、963名が応募して、その中から3名が最終的に選抜されました。321倍の狭き門です。

こういった難関を突破した宇宙飛行士たちは、もともと高い能力に恵まれています。ですが、どんなにきれいなダイヤモンドの原石であっても、磨きをかけなければ人々を魅了する光を発しません。

宇宙飛行士も同様です。本章では、宇宙飛行士が自分の持っている能力にどのように磨きをかけるのか、その一部をご紹介します。

宇宙飛行までの道のりは遠い

三段階の訓練

国際宇宙ステーションに搭乗するための訓練は、三つの段階に分けられます。

まず最初に受けるのが、宇宙飛行士になる前の、つまり宇宙飛行士候補者が受ける「基礎訓練」です。この基礎訓練では、宇宙飛行士一般に必要な基本的な知識と技量を身につけます。期間は約2年程度です。

基礎訓練を終了すると、肩書きから〝候補者〟が取れて、宇宙飛行士になります。

続く第二段階は「維持向上訓練」です。維持向上訓練では、国際宇宙ステーションの運用方法について基本的な知識と技量を習得します。この訓練は、国際宇宙ステーションへの搭乗割当を受けるまで続けられます。早ければ2年程度の訓練で搭乗割当を受けることができます。

しかし、そういった宇宙飛行士は非常に稀《まれ》なケースです。

宇宙飛行士の専門性とミッションとの適合性、あるいは宇宙飛行士の組み合わせなど、搭乗割当は能力よりもそのときの周辺条件に左右されることが多いのです。言ってしまえば「運」の領域の話なのです。

通常は5年程度。長ければ10年以上も訓練を継続することになるかもしれません。

晴れて搭乗割当を受けると、いよいよ第三段階の「インクリメント固有訓練」を受けることになります。

〝インクリメント〟とは、国際宇宙ステーションの滞在期間を表す用語です。割り当てられた国際宇宙ステーション搭乗期間中に行われる作業を中心に、さまざまな訓練が行われます。

この最終段階となるインクリメント固有訓練の訓練期間は約2・5年です。

宇宙飛行より訓練期間のほうが長い

基礎訓練を受けてから国際宇宙ステーションに搭乗するまで、10年以上も待たされるとしたら、みなさんは耐えられますか。

多くの宇宙飛行士がこのような状況に耐えられるだけの精神力を有しています。先述した古川聡宇宙飛行士は、このような状況を野球にたとえて「いつ出番がきても結果を出せるように、ベンチ裏で素振りをしているような気持ち」と表現しました。まったくおっしゃるとおりでしょう。

日本人宇宙飛行士が宇宙に行くと、新聞やTVニュースで宇宙での華やかな活躍が報じられますが、その裏にはこのような努力と苦労が隠されています。

やっと搭乗できたとしても、ミッションを終えて地上に戻ると、次の搭乗に備えて再び訓練が始まります。宇宙飛行士の仕事は、宇宙飛行の期間よりも訓練期間のほうがだんぜん長いのです。

知識と技量を身につける訓練

インクリメント固有の訓練は4つに分類されています。

そのすべての訓練に合格しなければ、宇宙飛行への夢は断たれてしまいます。毎日が真剣勝負のようなものです。それに訓練とはいえ、ちょっとしたミスによって死亡事故に至るケースもあります。

ですから訓練前の準備に手を抜いたり、訓練後の復習を怠ったりする宇宙飛行士は一人もいません。

その1・基本的な知識を習得する訓練

宇宙飛行に必要な知識を習得します。

その多くは、座学と呼ばれる講義形式の訓練です。宇宙工学、宇宙科学や宇宙医学などの宇宙一般に関すること、そして国際宇宙ステーションなどの有人宇宙システムに関する技術的な基礎知識を習得します。

講義を受ける前に分厚い教材が渡されます。

講義前に目を通して、概略を理解しておかなければなりません。講義開始前にインストラクターから質問があるので、質問に答えられないと、予習してこなかったことがわかってしまいます。予習をサボったことがばれて恥をかくだけならいいのですが、場合によっては準備不足だと判断されて講義を受けさせてもらえません。

「事前に準備しなくても、講義で理解できればいいや」といった甘い考えは、宇宙飛行士の訓練では通用しないのです。

その2・運用技量を習得する訓練

国際宇宙ステーションやロボットアームの運用技量を習得します。

ここでは座学ではなく、実技が主体の訓練方式です。モックアップやシミュレータなどの訓練設備を使って、操作方法や緊急時の対応手順などの運用技量を習得します。

モックアップとは、実物大の訓練用模型です。外見は本物に近いのですが、操作しても実機と同じような動き方はしません。訓練の初期段階において、基本的な技量を習得するときに有効な訓練設備といえます。

一方のシミュレータは、外見も動きも本物そっくりの精密な訓練設備です。宇宙で仕事をしているような感覚で訓練を受けることができます。これらは数億円から数十億円もする非常に高価な設備です。

宇宙環境を模擬体験する訓練設備もあります。

その一つが無重量環境適応訓練設備です。無重量環境をつくり出すため、実物大のモックアップを大型水槽に沈め、宇宙飛行士に本物に近い宇宙服を着せて、水槽内で訓練を行います。水中では、水の浮力と宇宙飛行士の重量（体重と装備重量）が釣り合った状態にあるので、宇宙飛行士はまるで無重量環境にいるような感覚になります。

ただし、水の抵抗を受けているので、実際の宇宙環境より動作が鈍くなります。

運用技量を習得する訓練は、個人技量を高める訓練から始まります。訓練は宇宙飛行士（1名あるいは2名）と、インストラクターによるマンツーマン形式です。

やがて個人技量が十分なレベルに達成したと評価されると、次に宇宙飛行士チームの技量を高める訓練段階に進みます。この段階では、個人よりもチーム全体の技量レベルを向上させるのが目的です。

そして最後の仕上げとして、宇宙飛行士と地上の運用管制要員との合同訓練が行われます。

その3・語学能力を向上させる訓練

国際宇宙ステーションでは、英語とロシア語が必須語学です。したがって日本人宇宙飛行士は、英語とロシア語の両方をマスターしなければなりません。

宇宙飛行士候補者として、アメリカのNASAで訓練を開始した日本人が、最初の壁に突き当たるのが英語です。学校で習ってきた英語とは違って、話す速度は速いし、出身地によって発音も違います。座学でインストラクターが冗談を言っても、クラス内で日本人候補生だけが理解ができずに、笑うことができません。

冗談を理解できないこと自体は、別に何の問題もありません。ただクラスのみんなから疎外される寂しさや、冗談を理解できないことで湧いてくる悔しさはあります。これは精神面の苦痛ですが、訓練中にインストラクターや仲間の会話についていけないとなると、これは現実的かつ深刻な問題です。

世界トップクラスの若田宇宙飛行士でさえ、宇宙飛行士候補者のときは英語で苦労しました。チーム訓練では、仲間の会話についていけずに失敗したこともあったそうです。悔しさと情けなさで心が折れそうになりながら、家に帰る車の中で、思わず「ぽっぽっぽ、鳩ぽっぽ……」と歌っている自分に気がついて、「追い込まれているなあ」と感じたと彼の著書に書かれています（『宇宙飛行』日本実業出版社）。

気持ちが弱い人であれば、日本を代表してNASAで訓練を受けているといった重圧に耐えかねて、あるいは逃げ出していたかもしれません。

またNASAの宇宙飛行士から直接聞いた、こんなエピソードもあります。

T-38ジェット練習機による操縦訓練のとき、後席で離陸準備を行っている若田宇宙飛行士が、ごそごそと何かを取り出して操縦席にセットしているような気配がしたそうです。何をやっているのかわからなかったのですが、訓練を終えて練習機を降りるとき、それがテープレコーダーだったことがわかりました。

若田宇宙飛行士は操縦席での会話や地上管制官との会話を録音して、それを訓練後に聞いていたのです。

訓練中の会話を録音して確認していることを知ったNASAの宇宙飛行士は、「若田は必ず優れた宇宙飛行士になると確信した」と話してくれました。最初はできなくても、挫《くじ》けず、勇気を持って困難に立ち向かう。それが宇宙飛行士です。

確かに英語やロシア語が流暢《りゅうちょう》に話せて、相手の言っていることが100パーセント理解できることは、非常に素晴らしい能力だと思います。

ですが、それだけでは不十分なのです。語学はあくまでコミュニケーションツールであり、問題なのは話の中身のほうです。日本人同士の会話でもそうでしょう。どんなに正しい文法で適切な単語を選んで話をしても、相手の心をとらえるだけの内容がなければ、誰も真剣には聞いてくれません。

英語やロシア語といった語学の習得はもちろん大切ですが、かといって日本語での会話をおろそかにするようでは、宇宙飛行士にはなれません。

ＪＡＸＡの宇宙飛行士募集の応募条件に、「日本人の宇宙飛行士としてふさわしい教養等（美しい日本語、日本文化や国際社会・異文化等への造詣《ぞうけい》、自己の経験を活き活きと伝える豊かな表現力、人文科学分野の教養等）を有すること」とあるのには、このような意味があります。

ビジネスの世界でも事情は同じ。ネイティブ並みに英語が話せても、それだけでは世界を相手に仕事はできません。仕事の内容はもちろん、その人自身の優れた人格や豊かな経験、教養から湧き出てくる言葉でなければ、相手は期待するような反応を示してはくれないでしょう。

以上に述べた三つの訓練は、宇宙飛行士に必要な知識と技量を習得する訓練で、いずれも宇宙飛行士に固有なものです。

その4・基本行動を習得する訓練

以下に述べる4つ目の訓練は、宇宙飛行士としての基本行動を習得させるものです。

これらの訓練は、宇宙飛行士個人が身につけるべき基本行動はもちろん、最終的にはチーム活動に必要な基本行動を習得することが目的です。

訓練項目には、「航空機操縦訓練」、「サバイバル訓練」、「野外リーダーシップ訓練」、「極限環境適応訓練」などがあります。航空機操縦訓練は、二人一組で行いますが、それ以外の訓練は6～7名程度のチーム構成になります。

基本行動を習得する訓練は、ビジネス、学校、スポーツなど、あらゆる分野で活躍される方々にも参考になるはずです。すでに第2章で取り上げた訓練も含まれていますが、それぞれの訓練内容と訓練ポイントについて、改めて説明します。

チーム行動能力を高める訓練

(1)航空機操縦訓練

NASAで行われる航空機操縦訓練は専属の教官パイロット、あるいは戦闘機パイロットの経験を有する宇宙飛行士が前席に座り、主操縦者になります。それ以外の宇宙飛行士が後席に座って、主操縦者を補佐する形式の訓練です。

この訓練の目的は、〝マルチタスク〟と呼ばれる技量を向上させることにあります。音速あるいは音速に近い速度で安全に飛行するためには、短時間の間にさまざまなタスク(作業)を実行しなければなりません。そこでは瞬時に状況認識を行い、的確な意思決定が求められます。ちょっとした操作ミスや判断ミスが事故につながります。操作は一瞬たりとも気を抜くことができません。

そのような状況において、前席と後席が協力し合って安全に計画どおり飛行することにより、チーム行動に必要な基本行動が養われていきます。

操縦法を学ぶ

日本人宇宙飛行士の場合、スペースシャトルやソユーズ宇宙船のパイロットになるわけではありません。したがって航空操縦訓練では、後席に座って前席の主操縦者（パイロット）を補佐するのが主な役割となるのです。

国際宇宙ステーションに搭乗する宇宙飛行士候補者の基礎訓練ではプロペラ機を使って、航空機に関する基本的な知識と操縦法を学ぶ初期段階の操縦訓練を行います。ただしプロのパイロットとしての操縦資格を持っている宇宙飛行士候補者は、この訓練は免除されます。日本人宇宙飛行士では、油井亀美也宇宙飛行士（自衛隊パイロット）と大西卓哉宇宙飛行士（民間航空パイロット）以外は、これまで全員がこの初期段階の操縦訓練を受けました。

この初期段階の訓練を終えると、いよいよT-38ジェット練習機の基本的な操縦訓練技量を習得します。

T-38は最高速度マッハ1・3、軽量小型で安定した飛行性能を発揮するジェット機です。NASAで使われている機体は最新のアビオニクス（通信や航法システムなどの電子機器）

やウェザー・レーダーが搭載されるなど、従来型よりも操縦性や安全性が一段と高められています。

最初の段階では計器の見方、通信機器の使い方、航法装置の使い方、地上管制官との交信、チェックリストの読み上げなど、後席クルーとして前席のパイロットを支援できることが重要なポイントになります。

T-38ジェット練習機は二人乗りです。ゆえに後席に座っている人が当てにならなければ、前席の教官パイロットは安心して飛行できません。

初めての飛行では「周りをよく見て、リラックスして、とにかく飛ぶことを楽しめ」と言われます。もちろん教官パイロットからは、自分が飛ぶT-38ジェット練習機の機能性能や、基本的な操縦方法を知っているかどうかを確認する初歩的な質問があります。また、「どこを飛行したのか、機上から見えた景色を報告せよ」といった質問も飛びます。

初めての飛行で舞い上がってしまい、「何も覚えていません」では困ります。どのような状況であっても状況認識を忘れないのが、宇宙飛行士の基本行動です。

ある程度まで後席クルーとしての仕事を任せられるようになると、計器飛行や編隊飛行を含めた本格的な操縦訓練の段階に入ります。この段階では、通信機器や航法関係の機器を十分に使いこなせること、離着陸以外の操縦を任せられることが訓練のポイントです。

宇宙飛行士によって差はありますが、候補者訓練が終了するまでにおおよそ80から120時間程度の飛行経験を積むことになります。

マルチタスク技量とは

基本的な操縦訓練が終了すると、次は〝マルチタスク技量〟を向上させるための訓練段階に入ります。

宇宙飛行士の仕事は分刻みで進みます。特に打ち上げ、帰還時は目が回るほどの忙しさです。ですから、短時間に複数の仕事をこなすことは、宇宙飛行士の重要な技量の一つとなります。

航空機操縦訓練では、天候などの状況が時々刻々と変化する中、周囲の状況を五感を通して適切に知覚しなければなりません。そのために視線を絶えず動かして、操縦席内外の情報収集を行います。ただし、情報収集の過程で必要な情報に注目するのはいいのですが、そればかりにとらわれてはなりません。

常に新たな気持ちで情報収集を行うように心がけます。なぜなら状況は常に変化するからです。そのときは必要な情報であっても、1分後にはもう不要な情報になっているかもしれません。

次に、知覚した情報に基づいて状況が計画どおり適切に推移しているかどうかを瞬時に理解しなければなりません。状況悪化の兆候が認められたときは、そのまま状況の変化を見守るべきか、あるいはすぐにでも対応すべきかの予測を行います。そして即時対応が必要と判断されれば、その対応策を立ててただちに実行に移します。

このような一連の作業において前席と後席は常にコミュニケーションをとり、状況認識の共通化を図っています。

必要ならば、通信装置を使って地上管制官に状況を報告し、アドバイスを求めます。手足は操縦装置を操り、適切な高度、速度、および機体姿勢を保たなければなりません。T-38ジェット練習機の操縦訓練では、これらの行動を短時間で行い、それを繰り返します。ちょっとしたミスが自分たちの命を危険にさらすことになるので、一瞬たりとも気が抜けません。

マルチタスク技量とは、およそ以上のような性質のものとなります。

ですから、一つのことに注意が向けられる「一点集中型」の人は、宇宙飛行士には不向きです。

一点集中型の怖さを物語る事例を一つ紹介しましょう。

たった1個のランプ故障に操縦席にいるクルー全員の意識が集中してしまい、地上に激突してしまうという航空機事故がありました。この事例では、着陸時に車輪が安全に出ていることを示すランプの一つがなぜか点灯しませんでした。

機長は故障対応に専念するため、自動操縦に切り替えて高度を維持しました。ところが狭い操縦席内で3人のクルーが作業をしていたため、誰かの身体が自動操縦装置のスイッチに触ってしまったようなのです。このため自動操縦装置のスイッチが切れてしまい、次第に高度が下がり始めました。

それでも3人のクルーはランプ故障の対応に意識が向けられていて、誰一人として高度に注意を払わなかったのです。

さらに悪いことに、クルーと地上管制官のコミュニケーションミスが重なりました。

地上管制官は、高度の低下に気がつき「そちらは大丈夫か？」と問い合わせを行いました（本来は「高度が下がっているが大丈夫か」と問い合わせるべきでした）。

これを聞いたクルーは、ランプ故障に関する問い合わせだと思い違いをします。ランプ故障への対応は問題ないとの意味で「大丈夫」と答えてしまったのです。

高度降下に気づいたときは、もう機体を引き起こすタイミングを逸してしまっていた——。

この事例は一点集中型の怖さ、思い込みによるコミュニケーションミスの怖さを教えてくれます。いまでは自動操縦装置や警告警報装置の機能性能も飛躍的に向上しており、またチーム活動能力を向上させるクルー・リソース・マネージメント（CRM）訓練が普及しているので、このような事故はなくなる傾向にあります。

その一方で、宇宙飛行士におけるマルチタスク技量の能力向上はますます重要な訓練になってきています。

あらゆる事故を想定して訓練する

航空機操縦訓練では操縦方法を教える前に、まずは事故を想定した訓練を行います。つまり、事故に遭っても生還できる技量を身につけさせるのです。

最初に、航空機からの緊急脱出訓練を行います。T-38ジェット練習機には、操縦席から座席ごと外に飛び出せる射出装置があります。ものすごい速度で射出されるので、きちっとした射出姿勢をとらないと危険です。操縦席の縁にぶつかって手足をもがれたり、最悪の場合では首の骨を折って死に至ることもあります。

次に、パラシュート降下訓練です。

首尾よく機体からの射出に成功しても、パラシュート降下時の着地・着水を誤ると大けがをします。このため、海上に着水した場合を想定した訓練も行います。せっかくうまく不時着しても、その後の対応が不適切であれば、助かる命も助からないというわけです。

水に濡《ぬ》れた衣服を着たまま泳ぐのは、思ったよりも大変なのです。そこで、ヘルメットや飛行服を着たまま泳ぐ技能を身につけるべく訓練します。

また、厳冬の海水は急激に体温を奪います。夏であってもサメなどに襲われる危険があります。このような危険を避けるためには、海上で救命装備品から救命ボートを取り出して、一刻も早く乗り込まなければなりません。荒れた海上でボートに乗り込むことは実に困難な作業となります。

海上から救助ヘリコプターへ引き上げられる際の訓練も行います。

加えて救助ヘリコプターが緊急着水した場合を想定しての、ヘリコプターからの脱出訓練まであります。このように宇宙飛行士の訓練は、常に最悪の状態を想定したうえで、綿密な訓練計画が立案されるのです。

「そのような事故は想定外なので、訓練はやっていません」といった言い訳は宇宙飛行士の世界では通用しません。

自分のことは自分で管理する

「いつ、どこで、どのような訓練を実施する」といった訓練計画は、通常は計画を管理している部署が立案して、宇宙飛行士に提示します。ところが、T-38ジェット練習機の操縦訓練に限っては例外。宇宙飛行士本人が訓練計画を立て、それを実行、管理することになっているのです。

まず航空機の利用状況を調べて、フライト可能な機体を確保します。次に、一緒にフライトしてくれる前席パイロットを探さなければなりません。教官パイロットのスケジュール表を見て空き時間を見つけ、直接、自分自身で教官パイロットにフライトの予約を申し入れます。

教官パイロットに空き時間がない場合は、T-38ジェット練習機の操縦資格を持っている米軍出身の宇宙飛行士を探します。手当たり次第、該当する宇宙飛行士のスケジュールを調べて、訓練などの予定が入っていない宇宙飛行士が見つかると、一緒にフライトしてくれるように直接交渉を行うのです。

NASAの規程では、後席クルーの宇宙飛行士は「年間48時間以上のT-38ジェット練習機での操縦訓練」が義務づけられています。

飛行時間の実績を管理する部署があり、飛行時間が不足している宇宙飛行士には注意をうながします。このように飛行時間を管理する部署があるならば、その部署が宇宙飛行士全員の訓練スケジュールを管理して、「あなたと、あなたは、○月○日、何時から、○番号の機体を使って操縦訓練を行うように」と、宇宙飛行士に指示したほうが効率的かつ確実なはずです。それなら宇宙飛行士本人にも負担がかかりません。

それでは、なぜこのような面倒な手続きを宇宙飛行士に取らせるのでしょうか。

その理由は、自己管理能力と交渉術を身につけさせるためです。つまり「自分が飛ぶフライト機ぐらい、自分で確保しなさい」ということです。それに、一緒にフライトする仲間を自分で探し出す程度の人付き合いができていないようでは、チーム行動などおぼつかないでしょう。

こうしたことも含めて、これは自己管理能力を養う訓練の一つだといえます。

宇宙飛行士としての資質を見られている

前席に座る宇宙飛行士はスペースシャトル（２０１１年に退役）のコマンダー（＝チームリーダー）、もしくは将来のコマンダー候補たちです。彼らおよび彼女らの中には、前席で操縦桿を握りながら「どれほどの技量を持っているのか」と、後席の宇宙飛行士の技量を値踏みしている人もいると聞いたことがあります。

それはそのとおりかもしれません。

操縦訓練では、ちょっとした操作ミスや判断ミスが重大な事故を引き起こします。また、飛行中に機体に不具合が発生することもあるでしょう。そのようなときほど、前席と後席の二人がそれぞれの能力と技量を十分に発揮しなければ、難局を切り抜けることはできません。

ですから、後席に座る者の技量を少しでも知っておきたい――これは前席のパイロットにしてみれば、当然至極の思いです。

わずかな兆候を素早く察して、大事に至る前に対応してくれる後席クルーなら、一緒に飛行していて安心感を得られます。もちろん、宇宙飛行でも優れた技量を発揮してくれるはずです。彼らにそう思ってもらえれば、宇宙飛行メンバーに指名されるチャンスも少なからず広がるのではないでしょうか。

(2) サバイバル訓練

「いかなる状況に置かれても生きて帰ってくる」。これは宇宙飛行士の鉄則です。

この鉄則を守るため、サバイバル訓練があります。第2章でも触れましたが、サバイバル訓練は、宇宙船の打ち上げ時、あるいは帰還時に何らかの不具合が生じて、海上や陸上に不時着した場合を想定したものです。

サバイバル訓練のやり方はNASAとロシアで若干、異なりますが、基本的な考え方は変わりません。

山岳地帯に不時着した場合を想定した訓練では、わずかな水と食糧しか与えられません。生きるための食糧と水は、自分たちで調達しなければなりません。また、T-38ジェット練習機訓練で緊急事態が発生した場合も、このサバイバル訓練の経験が活かされます。

心を鍛える

夏期の山岳地帯での訓練では水を求めて探し回っても見つからず、あるのは泥水だけといった状況があります。そのような状況ではコップの上に布製のバンダナを置いて、泥水から砂や小石などを濾《こ》して飲みます。

汚れた水を飲むので、下痢をすることだってあります。

食糧がなければ、蛇や雑草だって食べます。

ただし、毒性のある動植物を食べると大変です。そこで何が食べられて、何が食べられないのかの知識はしっかりと学習します。それ以外にも、ナイフで蛇の皮を剥《は》ぐなどの調理方法や、マッチやライターなしで火をおこす方法なども学びます。

冬期に行われるサバイバル訓練は、もっと過酷です。

氷点下の気温は、否応なしに体温を奪います。ロシアのソユーズ宇宙船の訓練では体温低下を防ぐため、機体に装備されているパラシュートを使ってテントのつくり方を学びます。夏期とは違って動植物を手に入れるのは困難です。それでも栄養を摂らないといけません。凍った湖や川があれば、張った氷に小穴を開けて魚釣りすることで食糧を確保します。

サバイバル訓練は生き残る術を身につけることにありますが、心理的なストレス耐性を高める効果もあります。

これまで経験したことがない過酷な環境で、しかも文明からかけ離れた原始的な生活様式の中、集団で生活をともにします。狭いテントの中での生活はプライバシーなどありません。トイレも野外ですませます。

訓練は十分な安全性を確保して行われます。それでも万が一のことは想定しておく必要があります。奥深い山林ではクマなど人を襲う動物に出くわすかもしれません。海上ではサメが獲物を求めて泳いでいるかもしれません。

訓練ではこのような危険な目にあうことはほとんどありませんが、ちょっとした油断が生命の危機にさらされた状態に急変します。

こういった状況は、日常生活ではほとんど遭遇することはありません。ですが、宇宙飛行では十分にありうる状況なのです。この意味においてサバイバル訓練は、宇宙飛行士の心を鍛えるのに適した訓練といえます。

使い方には注意

サバイバル訓練は生きることへの執着心を植えつけ、強靭《きょうじん》な精神力を鍛え上げる訓練です。だからといって、あらゆる分野で効果があるとは限りません。むしろ逆効果となって心身を著しく傷つけてしまい、その人の生活を崩壊させてしまう危険があります。特に過度な心理的ストレスは、心に深い傷跡を残してしまうことさえあるでしょう。

大切なのは、サバイバル訓練を受ける人の気持ちです。

自ら進んで「訓練を受けたい！」という強いモチベーションが必要なのです。であれば、確かに宇宙飛行のように死と隣り合わせの中で仕事をしている人たちには、大きな効果があると思います。

(3)野外リーダーシップ訓練

長期間チーム活動を行う場合、リーダーシップ、チームワーク、および自己管理において高い能力が必要とされます。

この能力を養う手段として、第2章で述べたＮＯＬＳ訓練＝野外リーダーシップ訓練があります。第2章で述べたことと重複するところもありますが、重要なポイントなので本章でもとりあげることにしました。

訓練は、自然環境を利用して、夏期、あるいは冬期に実施されます。夏期に実施される訓練では、渓谷を徒歩で移動したり、山間の渓流を〝カヤック〟と呼ばれるボートで下ったりします。

リーダーシップ

この訓練の特色は先にも述べたとおり、リーダーが毎日交代することです。リーダーに指名された人は、天候状態、移動経路の状況、食糧の残量、チームメンバーの疲労状況などを考慮して、チーム全員を安全かつ効率的に目的地まで誘導します。

自然が相手ですので、計画どおり移動できるとは限りません。天候状況が悪くなるようであれば、早めに野営地を設定してテントを張り、チームメンバーが危険な目に遭わないようにするのもリーダーの重要な役割です。

先読みのできるリーダーの指示には、メンバーは安心して従うことができます。

天候不良で足どめを食ったときは、その遅れを取り戻すために移動距離を稼ぐ必要がありますので、翌日の移動経路を変更しなければなりません。

このときチーム内で議論を行うのですが、みんなの意見が食い違うことがあります。その瞬間にリーダーの能力が試されます。バラバラな意見のまま議論が紛糾すれば、チームワークは崩壊します。だからといって、安易に一部のメンバーの提案を取り入れると、他のメンバーに不満が残ります。

やってはいけない行動として、自分の意見とは裏腹に、声が強く押しが強いメンバーの意見に迎合することです。確かに声が大きく押しが強い人の意見を退けると、後々面倒なことになることがあります。協力してもらえないだけではなく、リーダーの足を引っ張ることさえあります。しかし、それを恐れていてはリーダーとしてチームを率いる資格がありません。

意見が分かれたとき、リーダーはどうすれば良いのでしょうか？

有無を言わせずに命令に従わせる、あるいは複数の対案を示してメンバーに決めさせるなど、答えは一つではありません。そのときの状況やメンバーの性格などによっていろいろな答えがあります。

再び繰り返しておけば、大切なことは〝誰の意見が正しい〟のではなく、〝何が正しいのか〟を考え、自信を持って判断して、その結果に責任を取ることです。

チームワーク

チームワークとは、目標達成に向けてメンバー全員が自分の持てる能力を十分に発揮することです。仲が良いだけではチームワークとは言えません。お互いが能力を認め合い、尊敬と信頼関係でつながっていることが前提です。

このような関係にあるからこそ、チーム内で意見を戦わすことができ、最適な答えを見出すことができます。そして自分の意見が通らなくても、下された決定に素直に従うことができるのです。

チームが目指す目標達成の過程において、当然、何らかの問題が発生します。この問題解決を図ろうとすると、チーム内で意見の対立も起こるでしょう。このときリーダーは、チーム内の対立をポジティブなエネルギーに変える役割を果たすことになります。ポジティブなエネルギーとは目標達成のために意見を戦わせて、その結果、最終的な結論に至ったら、チーム全員がその結論に従って行動する力です。

このようなエネルギーに変えるには、リーダーの能力はもちろん、「この人についていこう」と思わせる人格も必要とされます。

チームワークには、リーダー以外のメンバー、すなわち〝フォロワー〟の能力も必要です。フォロワーに必要な能力とは技術力、知識量および経験に加えて、リーダーの指示を的確に理解して、それを実現する実行力です（前述）。

リーダーおよび、そのほかのメンバーの取るべき行動を中心にして、チームワーク能力を向上させる訓練について見ていきましょう。

自己管理

人は集団生活において仲間外れにならないように、攻撃性や精神的な弱さを隠す性質があります。つまり〝社会的に望ましい態度〟を取るのです。

知的レベルが高い人ほど、この社会的に望ましい態度をうまく演じることができます。ところが人は長期間にわたってストレスを受けていると、本来の姿を現しやすくなります。宇宙飛行士たちはサバイバル訓練などで、意外な人の、意外な姿を見てしまった――という経験も少なくないかもしれません。

逆に、どのようなストレス下においてもふだんと変わらない姿であれば、それがその人の本質だということになります。ただし、その人本来の姿を暴きだすことが野外リーダーシップ訓練の目的ではありません。

人には長所と短所があります。

特に短所は、ストレス下において表面化することがよくあります。そこで厳しい自然環境の中で訓練を行うことで、自分自身の本来の姿を認識させます。自分本来の姿を知ることで、自分のネガティブな感情や行動が他のメンバーに向けられるのを抑制することができるようになります。

また自分自身の本来の姿が見えるようになると、他のメンバーの本来の姿も見えるようになるのです。その結果として、相手のネガティブな感情や行動を受け流すことができるようになります。

こうした自己管理ができるようになると、常に自分自身に注意を向けていて「疲れているな」と感じれば、それを早めにリーダーやメンバーに知らせるなど、チームにとって望ましい行動を取れるようになります。

自己管理の意義を理解していないうえに生真面目で責任感が強い人ほど、体力の限界まで頑張ってしまい、かえってチームに迷惑をかけることが多いのです。

自分自身で自分の感情や行動をコントロールができる人などは、そうそういるものではありません。ただ、そこを意識して自分なりに〝訓練〟をしている人と、まるで無頓着な人とでは周囲に与える好感度において雲泥の差ができるのは事実です。

一緒に宇宙に行きたいか？

野外リーダーシップ訓練が終わると、メンバー全員から評価を受けます。評価ポイントはリーダーシップ、チームワーク、自己管理です。

この評価は参考になります。良いところは、今後も伸ばし、悪いところはなくすよう努力すれば良いわけです。

そして、最後に究極の質問があります。

「あなたは、将来、○○宇宙飛行士と一緒に宇宙に行きたいですか」

そこで「いやだ」と言われれば、宇宙飛行の機会は遠ざかります。

会社の中で「一緒に仕事をしたくない」と言われれば、どんな人だって傷つきます。本当にシビアな質問です。しかし、あえてそう聞かなければならないほど、宇宙飛行には仲間との信頼関係が不可欠なのです。

(4)極限環境運用ミッション訓練

海底に実験室を沈めて、その中で約2週間程度生活します。

訓練場所は、アメリカ・フロリダ州のキーラゴ沖です。海底実験室は10キロの沖合い／水深20メートルのところにあります。↓**図7**。このため簡単には外に出てこられません。

そのうえ複数の人間が狭い空間で一緒に生活することから、宇宙に似た閉鎖環境といえます。そのような閉鎖環境で生活することで、チーム活動に必要なリーダーシップ、チームワークおよび自己管理能力を養い

図⑦　極限環境運用ミッション訓練

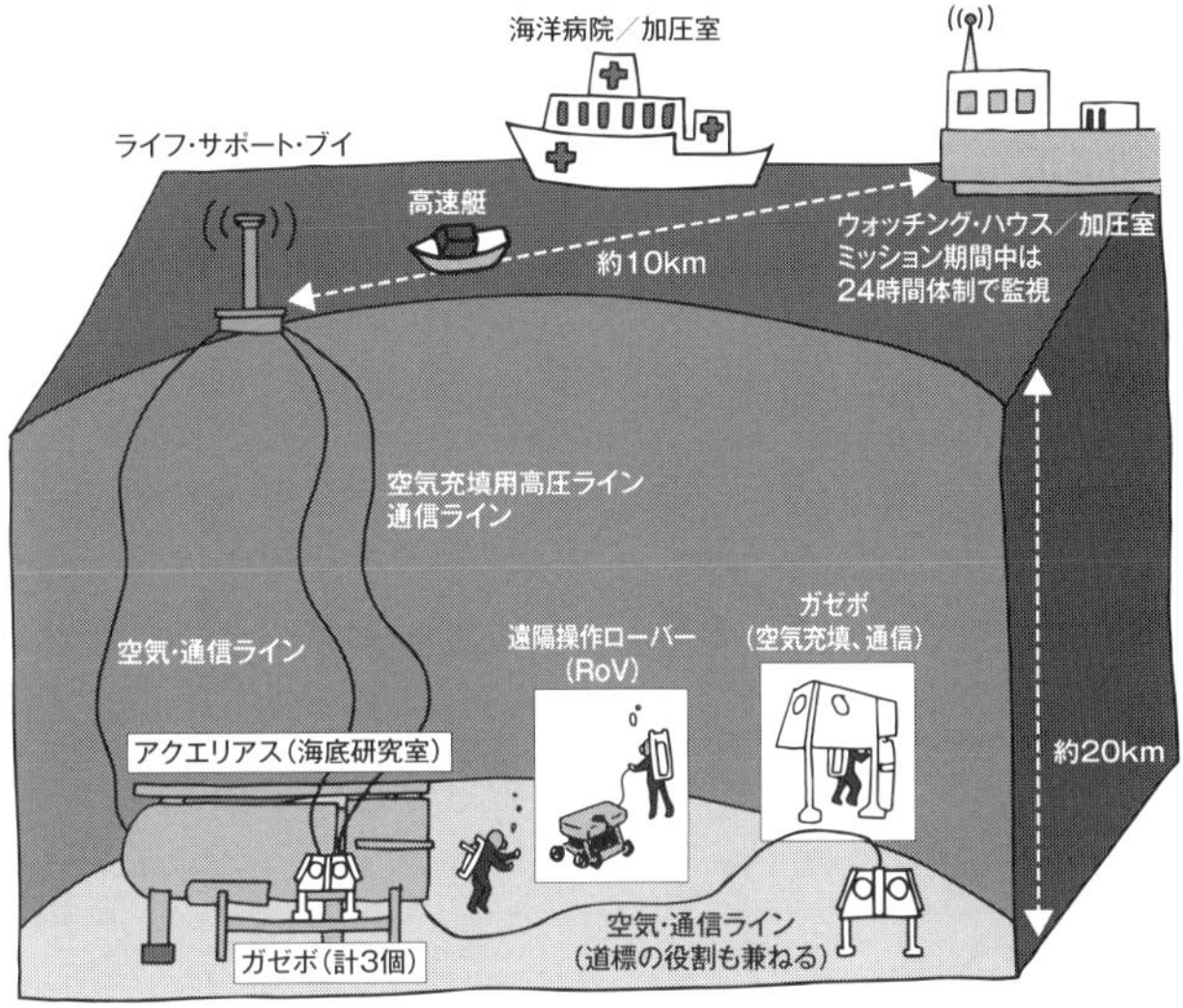

ます。

野外リーダーシップ訓練と訓練目的は同じです。

このほかにSFRM（スペース・フライト・リソース・マネジメント）訓練がありますが、これについては第4章で触れることにします。

インストラクターを育てる

宇宙飛行士の「先生」をインストラクターと呼びます。インストラクターになるのは、宇宙飛行士とエンジニアです。日本には、現在30人程度のインストラクターがいます。彼らはみんなエンジニアです。

インストラクターは〝きぼう〟日本実験棟の操作方法、実験手順、そして保全手順を宇宙飛行士に教える役割を担っています。

インストラクターになるには、「教える技術」、「技術的な知識」、および「訓練設備の操作方法」、そして「英語」を学びます。また、宇宙飛行士の反応から訓練内容を理解しているかどうかを推し量る洞察力、状況認識力も磨かなくてはなりません。

それ以外にも協調性、適応性、情緒的安定性、コミュニケーション能力など、人との交流において望ましい心理学的な特性を有していることが要求されます。

これらの能力は、まさに宇宙飛行士に必要な6つの能力と同じです。これらを教える側がこれらの能力を備えていないのでは話にならないわけで、実に当然至極の要求と言わねばなりません。

インストラクター候補者は、数カ月から1年程度の訓練を受けた後、試験があります。試験内容は英語検定、専門技術の筆記試験、模擬訓練での実技試験等々です。すべての試験に合格すると、インストラクターの資格が与えられます。

厳しい道のりだけに、インストラクターになったエンジニアはその試練をくぐり抜けた誇りと自信を持って、宇宙飛行士訓練に臨みます。だからこそ宇宙飛行士も、インストラクターへの信頼と尊敬の念を持って訓練に専念できるのです。

ここで筆者が強調したいのは「適切な訓練を受ければ、宇宙飛行士と同じ能力を身につけ、さらに向上させることもできうる」という事実です。

第4章

チーム力を高めるコツ

宇宙飛行士一人一人の能力がどんなに優れていても、チームがチームとして機能しなければ、与えられたミッションの完遂、そして安全な帰還は困難である——ここまで本書をお読みいただいた方には、これはもう十分にご理解いただけているテーゼだと思います。要はチーム力の話です。

またこれが宇宙飛行士の世界だけにとどまらず、すべての組織体にとって永遠のテーマであることは言うまでもないでしょう。

チーム力というのは個々人の力の「足し算」では意味がないのです。つまり一人の力を1としたら、二人チームの力が2、5人チームの力が5だったというのでは、チームがチーム力を発揮したとは言えません。

二人チームで力が3〜4、5人チームを組んだら力が10にも30にもなったとき、初めてチーム力という概念が意味を持ってきます。

起業家が起業する意義も基本はこれです。いくら優秀でも個人では成しえないビッグビジネスを、いっそ仲間を募ることでもっと大きなスケールにして成し遂げてみせる！　このように決意した起業家の脳裏には、たとえ無意識のうちにではあっても「足し算以上」のチーム力というものが想定されています。

チームを組むことで、１の力を10にも１００にもする。

部分的にはすでにいくつか記しましたが、宇宙飛行士養成プログラムにはそのためのノウハウが満載です。そこで本章では、宇宙飛行士が学ぶチーム力を高めるノウハウに改めてフォーカスし直して、以下の稿を進めていくことにします。

良好なコミュニケーションのコツ

良好な人間関係を築くこと

コミュニケーションは人と人との交流、そこにある意思疎通の問題です。

一人対一人の場合もあれば、一人対多人数の場合もあります。一人ではコミュニケーションは成立しませんから、良好なコミュニケーションを成り立たせるために大切なのは、とりもなおさず対人関係です。

どのように素晴らしい話でも、近づきにくい人、嫌いな人の話は素直に聞くことができません。もともと良好な対人関係を築くことに高い能力を持っている宇宙飛行士であっても、こと人間関係については日ごろから十分に気を配っています。

(1) 他者に対して関心を持つ

宇宙飛行士の特徴の一つとして、人との交流を心から楽しんでいる点をあげることができます。言葉を換えれば、他者への関心が高いのです。

「他者に対して関心を向ける」とはどういうことでしょうか。

簡単な例としては、職場での挨拶です。

会社で部・課長職にあるリーダーは、毎朝出社したときに率先して「おはようございます」と挨拶すると良いでしょう。挨拶に応える部下の「おはようございます」の声の調子がいつもと違うと感じたら、「元気がないね。体調でも悪いのかな」といった言葉をかけてあげてください。かける言葉は、状況に応じて適切に選択します。

大切なのは「私はあなたに常に関心を持っている」というサインです。

こういった関心を上司から示されると、部下は組織の一員として大切に思われている実感を持つことができます。このようなやり取りを繰り返していると、上司に対する信頼感、職場に対する帰属意識が育ちやすい環境ができます。

ただし、かける言葉とタイミングを間違えると逆効果です。

「元気がないね。体調でも悪いのかな」の言葉の後に、親しみを示すために「昨日は楽しく飲んだのかな？」といった言葉を付け加えるときは、タイミングをよく考えてください。

もし、その部下が残業続きだったら「残業続きで疲れているのを知っているはずなのに。そんなこともこの上司は気がつかないのか」と反感を買いかねません。

相手に声をかけるときに大切なのは、その言葉が心からのものであることです。

宇宙飛行士は、常に周囲の人に関心を示しています。特に一緒にフライトする仲間とは、家族のような付き合いになります。このことは、宇宙飛行士にとって極めて重要な意味があるのです。

なぜならそれは、自分と仲間の命を救うことにつながるからです。

宇宙飛行ではちょっとしたミスが自分自身や仲間の命を危うくすることになります。ですから、相手の体調が少しでも悪そうであれば、そのことを伝えて注意を促す必要があります。ちょっとした言動の変化から、同僚の体調や心理状態を把握することが〝できるか／できないか〟によって、生死を分けることもあります。

お互いが相手に対して強い関心を持たなければ、このような関係を築くことはできません。

(2) 名前と顔を覚える

ファーストネームで呼び合うのは欧米諸国の一般的な文化です。上下関係のある職場でもファーストネームで呼び合います。

日本人宇宙飛行士も他の国の宇宙飛行士仲間からファーストネームで呼ばれています。若田光一宇宙飛行士は〝コーイチ〟、野口聡一宇宙飛行士は〝ソーイチ〟です（一字違いですね）。

この一字違いがもとで、宇宙でちょっとしたハプニングがありました。

私たちは国際宇宙ステーションに滞在する日本人宇宙飛行士用に、宇宙日本食を提供しています。野口宇宙飛行士が国際宇宙ステーションに搭乗するとき、事前に宇宙日本食を打ち上げて船内に保管しておきました。ところが、野口宇宙飛行士が国際宇宙ステーションに搭乗したとき、楽しみにしていた宇宙日本食の個数が足りません。

他の国の宇宙飛行士が食べてしまったのです。

彼らは若田宇宙飛行士と一緒に国際宇宙ステーションに滞在していた宇宙飛行士で、若田宇宙飛行士は一足先に地球に帰還しました。その後、宇宙日本食を見つけた彼らは「〝コーイチ〟が自分たちのために残しておいてくれたんだ！」と思って食べてしまったのだそうです。

彼らは「〝ＫＯＩＣＨＩ（コーイチ）〟と〝ＳＯＩＣＨＩ（ソーイチ）〟を間違えた」と弁解していましたが〝ちゃめっけ〟のある宇宙飛行士のことです。間違えたふりをして、日本食をおいしくいただいたのかもしれません。

話を戻します。

日本の社会では、上司を「タロウ」などと下の名前で呼んだら、呼ばれた本人はもちろん、周りの人も驚くでしょう。日本では、お互いの名前を下の名前で呼び合う会社は稀なケースだと思います。その一方で「〇〇課長」という役職名ではなく〝〇〇さん〟と呼ぶ会社が増えてきていると聞いています。

どのような呼び方であっても、コミュニケーションは相手の名前を呼ぶことから始まります。名前を間違えれば、その場の雰囲気は気まずくなります。

これまで関係してきた人のうち、あなたは何人の方の名前と顔を覚えていますか。

おそらく身近な人、最近会った人の名前と顔は容易に思い出すことができるでしょう。

ですが、それ以外の人たちの顔と名前はなかなか思い出せないものです。

優れたリーダーには、名前と顔を覚える能力がとても高いという特性があります。それも個人的な知り合いだけではなく、自分が所属する組織や他の関係組織の人の名前まで覚えることができるのです。

自分にとって特別な人から名前を覚えられることはとてもうれしいことです。上に立つ者の心構えとして、できる限り人の顔と名前を覚える努力は惜しまないでください。

名前の呼び方はいろいろあります。公式な場と非公式な場では、使い分けがされて当然です。仕事場ではいつも苗字で呼んでいた上司が居酒屋で一杯やっているときに、突然自分を下の名前で呼んだとき、みなさんはどのような反応をしますか。

最初は〝どきっ〟としますが、悪い気持ちはしないと思います。

むしろ自分を一人の人間として見ていてくれたことに気がつき、上司に以前とは違った親しみを感じるのではないでしょうか。

名前の一文字、一文字には子どもに対する親の思いが込められています。ですから、その人にとって名前は親から与えられた大切なもの、本当は宝物と言っても良いのです。その名前を呼んでくれるということは、その人を一人の人間として尊重していることでもあります。

上司との心理的な距離感が縮まれば、仕事のこと、自分のこと、家族のこと、いろいろな話題で会話は弾みます。

ところで宇宙飛行士は、非常に多くの人々と知り合いになります。何度も会っている人であれば名前と顔も覚えられるでしょう。しかし、たった一度だけ会った人たち全員の名前と顔を覚えるのは、ほとんど不可能です。ですが、宇宙飛行士に会った人にとっては、たった一度の出会いでも一生忘れられない出来事として、鮮明に記憶に刻まれます。

宇宙飛行士は、そのことを十分に理解しているのです。

ですから宇宙飛行士が誰かと面会するとき、名前はもちろん、事前に相手の方の情報を調べます。以前に会ったことがあれば、それがいつなのか、どこで会ったのかを確認して、そのときの状況を思い出します。このような準備をするのは、これから会う人を〝一人の人間〟として尊重しているからです。

そのような気持ちは、自然と相手に伝わります。

宇宙飛行士との会話に誰もが引き込まれるのは、〝宇宙〟という魅力的な話題だけではなく、一人の人間として大切に接してくれる態度にもあるのではないでしょうか。

その第一歩は、人の名前と顔を覚えることから始まるのです。

相手に理解させて、行動させること

コミュニケーションの目的の一つに自分の考えを相手に理解してもらって、自分が期待する行動を相手に行ってもらうことがあります。

この場合、その手始めとしてこれから伝えることは「何のためなのか」をはっきりさせなければ、言いたいことが相手に明確に伝わりません。

宇宙飛行士はコミュニケーションを始める前に「指示を伝えるのか」、「連絡事項を伝えるのか」、「相談・調整事項なのか」等々、これから伝える内容を必ず明確にします。そうすることによって相手の心構えが違ってきます。

これを心理学では〝メンタルセット〟と呼んでいます。

心理学での定義は「特定のやり方で行う知覚、思考、行為のための一時的な準備状態をつくり出すこと」です。適切なメンタルセットをつくり出せれば、相手は自分が次に何を求められているかを無理なく予測することができます。

例えば、話の冒頭に「命令する」と言えば、それを聞く者はそれ以降の内容を聞き洩らさないように注意力を高めることができます。

その逆に話が終わった後で「以上、命令です」と言うと、何となく聞いていた者は「もう一度言ってください」と慌てるかもしれません。

1　文書で伝える

コミュニケーションの取り方には、大きく分けて2種類あります。

一つは文書による方法です。もう一つは口頭による方法です。どちらを選択するか、それぞれの特徴から判断することになります。

文書によるコミュニケーションは同じ内容を繰り返し、多人数に伝えるのに有効です。ただし文書は、口頭とは違って半永久的に残ります。ですから、慎重に記述する必要があります。誤った文書で指示を伝達すると、受け取った相手は誤った指示どおりに行動します。しかも文書による指示が取り消されるまで、誤った行動が繰り返されることになるのです。

また不適切な用語を使って相手を不愉快にさせてしまった場合、相手はその文書を読むたびに怒りが込み上げてくるかもしれません。

手順書の不備で引き起こされた事故は、数えあげたらきりがないほどです。手順書の記述は正しくても、「読みにくい、わかりにくい」文章だと間違えることが多くなります。特にベテランになるほど、わかりにくい手順書は無視しがちです。

その結果、自分の経験を頼りに操作してしまい、事故に至った事例があります。

文書によるコミュニケーションは、悪い面ばかりではありません。多くの人に対して、正確に指示を伝えることができます。また指示の内容が記録として残るので、内容の正しさを確認できます。そして相手の心に響く素敵な文章なら、送られた相手にとって人生の励みともなるのです。

宇宙飛行士が書く文章は、明瞭《めいりょう》かつ簡潔です。

その理由の一つに、ふだんから主語を明確にして、主語の後に動詞を用いる英語を使っていることが関係しているような気がします。主語と動詞が明確であると、誰に対して何を伝えたいのかを文頭でおおよそイメージできます。その結果、先述したメンタルセットによって全体像を把握しながら文章を読めるので、理解が容易になるのだと思うのです。

文書を明瞭かつ簡潔に書く原則の一つに「一文一義」があります。

これは一つの文章に、一つのことしか書かないやり方です。文章を書いていると、いろいろなことが頭に浮かびます。いったん浮かんでくると、それを記述しないと相手に自分の思いが伝わらないような気持ちになります。

しかし、これは錯覚なのです。

一つの文章にいろいろな情報が詰め込まれると、情報過多になり、読み手にはかえって情報が頭に残りません。情報の贅肉《ぜいにく》をそぎ落として初めて本当に伝えたいことが浮き彫りになります。文書を書くときは、あえて情報を捨てる勇気が必要です。

それには一文一義を心がけること。これで自然に文章が短くなります。

2　口頭で伝える

口頭でのコミュニケーションは、基本的には文章を書くのと同じやり方です。異なる点は、言葉による情報はその場かぎりで消え去ってしまうこと。そこに口頭でのコミュニケーションの難しさがあります。また、人間の記憶には限界があります。特殊な記憶術などがあれば別ですが、人間は一度にそれほど多くのことを記憶できません。

結婚式などでスピーチを頼まれたとき、人前で話すことに慣れていない人は言いたいことを伝えようと一生懸命になり、話が長くなりがちです。

しかし、これではかえって話の内容が出席者の記憶に残りません。

あなたのスピーチを聞き手の記憶に永く残す方法はいろいろあります。

その一つの方法としては言葉の短文化。つまり、短い言葉で自分の意思を相手に伝えるやり方です。宇宙飛行士は、5語で伝えられることは5語しか使いません。それ以上の単語を使っても、不必要な情報は記憶に残らないことを知っているからです。

また宇宙飛行士は、文章によるコミュニケーションで述べた「一文一義」と同様に、一つの言葉には一つの伝達事項しか含めないようにしています。

複数の伝達事項を伝えなければならない場合には、「伝達事項は三つあります。一つ目は×××です。二つ目は△△△です。そして最後に、三つ目は○○○です」と、初めに伝達事項の数を知らせるようにすると、聞き手も全体像を把握しながら理解することができます。

口頭でのコミュニケーションで注意すべき点は、感情のコントロールです。

喜怒哀楽の感情表現の中で特に重要なのは、怒りの感情でしょう。どんなに適切な指示でも、怒りの感情を向けられた相手は素直に受け取ることができません。大きな権力を持っている者がこのような態度を取れば、相手は萎縮してふだんの力が出せなくなります。脅威を感じないまでも、自分の上位者に怒りの感情で接しられたら、部下は表面的には指示に従っても、心の底では納得していないかもしれません。

宇宙飛行士と会って話をした人たちの多くは、宇宙飛行士の印象をよく「穏やかな人」と表現します。

宇宙飛行士も人間です。

他者と意見が対立することもあります。このような状況においては、怒りといったネガティブな感情は決して問題の解決には役立たないことを宇宙飛行士はよく心得ています。意見の対立はその場限りの事象として捉えて、それ以降はラグビーでいう〝ノーサイド〟の精神を徹底するのが宇宙飛行士です。

つまり、チーム内に遺恨を生じさせないように心掛けています。

宇宙飛行士は、どうしてこのような態度を取ることができるのでしょうか。

その理由の一つには、もともとそのような性格の持ち主であることもあるでしょう。ですが、それ以上に大きな理由として、宇宙飛行を安全に成し遂げ、与えられたミッションを達成するためには、一緒に飛行する仲間の宇宙飛行士はもちろん、自分たちを地上で支えてくれる仲間の存在があることを宇宙飛行士は常に忘れない。これです。

宇宙飛行において少しでも仲間を信用できない気持ちがあると、自分自身だけでなく仲間の命を危険な目に遭わせてしまいます。

だからこそ、どのような状況においても仲間を大切にして仲間を信じることができるのです。このような境地にたどり着くには、本物の実力と自分に対するゆるぎない自信を持ち、どのような事態にも果敢に立ち向かう勇気が必要です。

この自信と勇気を養うために、宇宙飛行士は文字どおり命をかけて訓練を行っています。宇宙飛行士にとっての訓練は、宇宙飛行前のリハーサルなどでは決してありません。訓練の段階から宇宙飛行は始まっている。彼ら宇宙飛行士は、我々一般人とはいささか違った、生きる「構え」を持って生きています。

ストレス耐性を高めるコツ

宇宙飛行士は、地球上とは違った環境で生活することになります。

物理的な面では、重さがない環境、温度差プラスマイナス１２０度C以上の環境、空気がほとんどない高真空環境、そして宇宙から降り注ぐ危険な放射線等々があります。宇宙船の壁の向こう側は、無重量を除けば生身の人間は生きていけない環境です。

心理的には常に生命の危機にさらされているせっぱ詰まった環境、地球から距離的にも社会的にも切り離されている隔離環境、狭い船内に閉じ込められている閉鎖環境、国籍・文化が違う複数の人間が長期間一緒に過ごす異文化環境もあります。

これらの地球とは異なる特殊な環境が、宇宙飛行士にさまざまなストレスを与える。これはもう、宇宙飛行士の宿命としか言いようがないのですが……、では、彼らはこれをどのようにして克服しているのでしょうか。

仲間意識の輪を広げる

職場での不満は同じ部署ではなく、他部署へ向けられることが多いといえます。それはなぜでしょうか。

例えば製品の売り上げがおもわしくないとき、「製品の品質が悪い」と考える営業部門と、「売り込み方が悪い」と考える技術開発部門との軋轢《あつれき》はよく聞く話です。

ストレス解消のはけぐちは、所属組織の外に求めるのが一般的な傾向のようです。確かに同じ部署内で仲間割れするよりはましでしょうが、少し冷静になって考えればわかるように、同じ会社内でのいがみ合いは良い結果を生み出しません。

宇宙で受けるストレス要因として、過度な作業負荷があげられます。

過度な作業負荷は身体を疲労させるだけではなく、情緒の不安定を招きます。

そんな状態が長く続けば、誰だってイライラ感が高じてしまい、怒りの感情が誘発されてしまうもの。参考に、1970年代にアメリカが実施したスカイラブ計画での事例を紹介します。

スカイラブ計画は、宇宙飛行士3名を1カ月から3カ月程度にわたり宇宙に滞在させるミッションです。合計4回のミッション（初回は無人）が行われて、1973年の11月16日に打ち上げられたスカイラブ4号では84日という当時の世界記録を打ち立てました。

このスカイラブ4号では、過度な作業負荷が原因で宇宙飛行士と地上の運用管制官との間で意見の食い違いが起こりました。事の発端は、宇宙飛行士の操作ミスの増加にあります。

宇宙飛行士からは「作業に与えられる時間が短いのではないか。そのために我々は過度の作業負荷に陥っている」との訴えがあり、それが操作ミスを起こさせているというのが宇宙飛行士の主張でした。これに対して運用管制官からは「作業時間は適切である」との回答です。しばらく両者の意見が対立。

宇宙飛行士のイライラ感は運用管制官に向けられました。噂《うわさ》によれば、一時、宇宙飛行士が通信装置のスイッチを切って地上との交信を断ってしまったようです。

結末は宇宙飛行士と地上管制官がお互いの意見を率直に出し合い、作業時間に余裕を持たせることで落ち着きました。たとえ感情のもつれがあっても、話し合いで解決するのが宇宙飛行士の基本行動です。

これはレアケースであり極端な事例ですが、このように宇宙飛行士の世界でも怒りの矛先が仲間の宇宙飛行士ではなく、地上の運用管制要員など他者に向けられる傾向があります。

この事例がきっかけとなり、宇宙飛行士と地上管制要員との合同訓練の重要性が否応なく確認されました。

いまでは宇宙飛行士と地上運用管制要員との合同訓練は、宇宙飛行前の総仕上げ訓練として必ず行われます。さらに宇宙飛行士と地上管制要員との定例会議を行って、お互いの意思統一を図るような形ができました。

つまり、仲間意識の輪を広げる。この重要性が認識された形になったわけです。

相手を理解して受け入れる

1990年代のことです。アメリカの宇宙飛行士がロシアの〝ミール〟宇宙ステーションに乗り込む米露共同計画が実施されました。

滞在期間は半年程度。宇宙飛行士はロシア人が二人、アメリカ人は一人です。このとき、孤独感を感じたアメリカ人宇宙飛行士が少なくありませんでした。ミール宇宙ステーションの運用はロシア人宇宙飛行士に任されています。アメリカ人宇宙飛行士は乗客扱い。二人のロシア人宇宙飛行士はロシア語で会話を行い、地上との交信もロシア語です。不具合が発生しても、ロシア語での会話をすべて理解することはできません。

何が起こっているのか、これからどうなるのか、不安な状態です。

このような状況におかれたアメリカ人宇宙飛行士は無力感から仕事に対する意欲が失われて、気持ちが落ち込んでしまう傾向にあったようです。プロ意識が高い人ほど、仕事での無力感は心理的なダメージが大きいといえます。

国際宇宙ステーションでは、こういった教訓が活かされています。

出した結論は、ロシア人の考え方や伝統などロシア文化を理解して受け入れることでした。もっとも「相手を理解して受け入れること」といわれても、実行するのは難しいものです。やはり通訳を介しての会話では、微妙な感情的なやり取りができません。そこで、手始めとして宇宙飛行士にロシア語の習得を義務づけました。

このためいまでは通訳なしでもロシア人と意思疎通できるレベルまでロシア語が上達しないと、国際宇宙ステーションに搭乗できない決まりになっています。この活動は、宇宙飛行士だけにとどまりません。

米露は地上運用管制要員をお互いの管制センターに派遣して、日常的に意思疎通を図る仕組みを構築しました。熾烈《しれつ》な宇宙開拓競争を行っていた冷戦時代（宇宙開発はすなわち軍事機密の時代でした）では考えられないことです。

文化や考え方が違う相手と一緒にやっていくには、6つのポイントがあります。

状況に応じて一つ、あるいは複数のポイントを活用してはどうでしょう。

A＝お互いの目的が異なる場合には、目的や得意分野に応じてリーダーやフォロワーの役割を変えるなどして目的達成のため相互に援助し合うことです。権力保持に固執せず、ときには相手に権限を委託することで、より大きな成果を得ることができます。

B＝お互いが同じ目的を有する場合には、一時的にグループを結成し、目標達成に向けて一致協力することです。このやり方は、国会で与野党が一時的に手を組んで法案の成立を図るケースに似ています。目的が達成されたら、協力関係は解消されます。

C＝趣味を同じくする場合には、一緒になって楽しむこと。お酒が好きな相手と飲みかわすことで意気投合することはよくあることでしょう。

D＝お互いの価値観、信条、行動規範を認め合うことです。たとえ価値観などが違っていても、それを否定してはいけません。もちろん価値観が同じ人のほうがコミュニケーションが取りやすいといえます。ですが、価値観や信条がまったく一致する人と巡り合えることのほうが、むしろ稀なケースなのだと思ってください。

E＝相手を好きになり、尊敬することです。自分が相手を嫌えば、その気持ちは相手にも伝わるもの。そうはいっても、ウマが合わない人はいます。こういうときは、無理をしてはいけません。無理を強いれば、ストレスがたまるばかりです。そんなときは、相手のどの部分が嫌いなのか書き出してみるのもいいと思います。その嫌いな部分を極力、見ないようにすれば、少しは相手を好きになれるかもしれません。

F＝同じ言葉で話すことです。外国語をマスターするのは、その言葉を話す相手の考え方や感情表現の仕方を学ぶことにもつながります。

リラックスする方法

宇宙飛行士は、基本的にストレス耐性が高い人たちです。

ただ、その能力向上のためにさまざまな教育と訓練を受けていることは、これまでも何度か書いてきました。宇宙飛行士の心理的な訓練はロシアが伝統的にずっと重要視しており、旧ソ連時代から独自の訓練プログラムを開発してきました。

その一つが、既述した厳冬の山中や酷暑の海上でのサバイバル訓練です。

ただし、いきなり厳しい訓練を行っても効果は期待できません。座学と呼ばれる教室内での講義や仲間同士のディスカッション、そして小規模な実技訓練によって、基礎的な知識と技量を学ぶことから始めます。講義では、精神医学および心理学の基礎知識や過去の宇宙飛行での問題事例、ストレス対処法を学びます。

過去の事例では、先輩の宇宙飛行士がどのようなストレス場面に遭遇して、そのときにどのように行動したのかを学習します。その事例を自分にあてはめて、自分だったらどう対応するか、シミュレーションしてみるわけです。

ストレス緩和法としては、自律訓練法、漸進的弛緩法《ぜんしんてきしかん》、バイオフィードバック法などがあります。その中で自分に適した方法を探し、専門家の指導を受けてマスターする。考えうる最新科学がすべて網羅されていますから、必ず自分に合った方法が見つかると思って間違いありません。

(1) 自律訓練法

自分自身に自己暗示をかけて、心や身体の緊張を解きほぐす方法です。筆者が受けた訓練手順を紹介します。

自己暗示として7つの段階があり、各段階で次のような言葉を自分自身に投げかけます。言葉に出してもいいし、心の中でつぶやくだけでもかまいません。

第一段階　気持ちが（とても）落ち着いている

第二段階　両腕両脚が重たい

第三段階　両腕両脚が温かい

第四段階　心臓が自然に（静かに）規則正しく打っている

第五段階　自然に（楽に）呼吸している

第六段階　お腹が温かい
第七段階　額が気持ちよく涼しい

いきなり七段階すべてを行うのは無理です。

第一段階ができたら第二段階に進むというように、着実に一つずつマスターするのが効果的です。自律訓練法を行うときは、静かな落ち着ける部屋で行ってください。まず自分がリラックスできる姿勢をとります。その姿勢で深呼吸を数回してから、第一段階「気持ちが落ち着いている……」と始めてください。

布団やベッドの上で仰向けになってやるのが一番やりやすいでしょう。

椅子に座った姿勢でもかまいません。

初めは「両腕両脚が重たい」といっても、なか

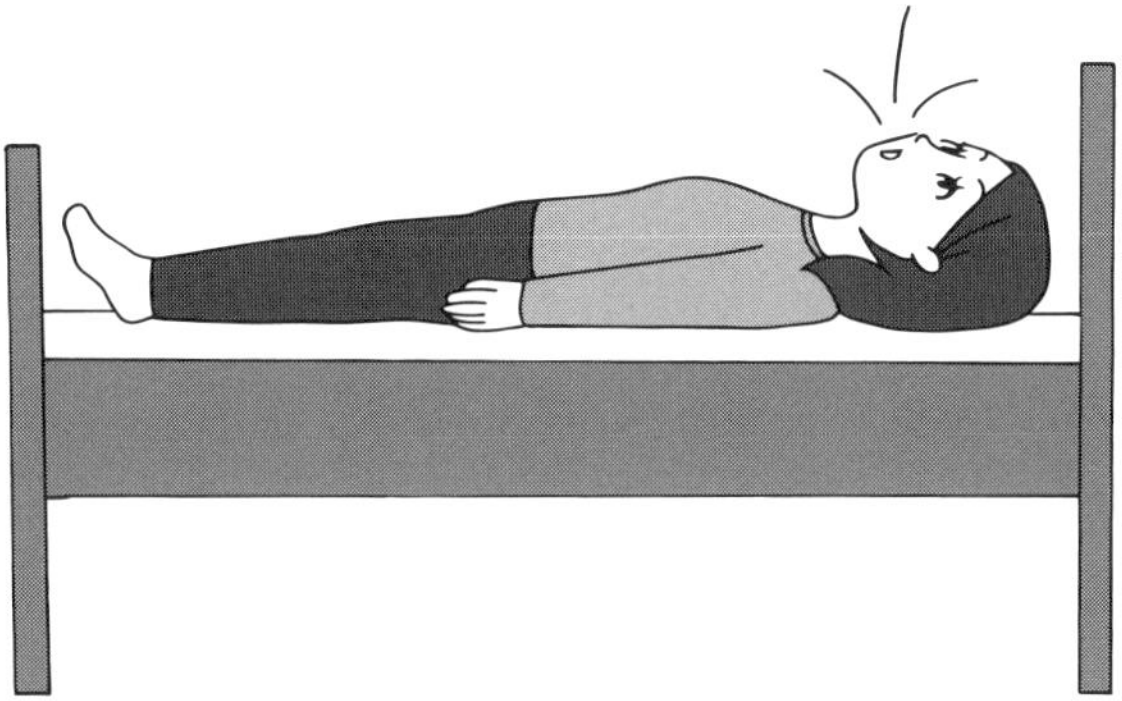

なかそのような感じがつかめないものです。ですから、最初はぼやっとした感じでもOK。何度もチャレンジして「重い」といったイメージができるように努力してみてください。

自律訓練法は完全にマスターすると、電車の中でもどこでもできるようになります。

重要な会議のプレゼンテーション前などに自律訓練法を行うと緊張を解きほぐすことができます。

第一段階から第七段階まで行って、だいたい5分から10分程度です。心臓に持病がある方は、第四段階の「心臓が自然に（静かに）規則正しく打っている」を省いてもかまいません。それでも十分なリラックス効果があります。

(2) 漸進的弛緩法

筋弛緩することで大脳の興奮を抑制する方法です。

名称のとおり、身体の筋肉を緩めることで効果を得ます。椅子に座るか、あるいは仰向けになった姿勢で安静にしてください。そして、身体の一つ一つの部位ごとに「筋肉に力を入れて、そして緩める」といった動作を繰り返します。

漸進的弛緩法は、三つのセッションに分かれています。

第一セッションは、両腕両脚の各部位ごとに筋肉の緊張と弛緩動作を繰り返します。筋肉を緊張させるときは、その緊張状態を意識して感じ取ってください。筋肉を弛緩させたときは、リラックスした気持ちを十分に楽しむように心がけます。

第二セッションは、腹筋、背筋、横隔膜、肩、頭部、額、瞼《まぶた》、眼球運動筋に対して、緊張と弛緩を繰り返し行います。

第三セッションでは、咬《こう》筋、頬《きょう》筋、唇、舌に対して、緊張と弛緩を繰り返します。

これらの各セッションでのポイントは、緊張と弛緩状態を交互に感じ取ることです。筋肉を緊張させるとき、頑張りすぎると筋肉を痛めるので7割程度にとどめてください。緊張時には繰り返し血圧を高めることになるので、高血圧、心臓疾患、緑内障などの持病のある方は、この方法は使わないほうが無難です。

1セッションを終えるのに40分程度かかります。時間がかかりすぎるのが難点ですが、短時間でできる簡易法もあります。椅子に座った姿勢のやり方を説明します。まず、ゆったりとした気持ちで椅子に深く腰かけてください。正面を向いて深呼吸を数回繰り返して気持ちを落ち着かせます。そして、次ページに示す1から7までの動作を行って緊張とリラックスな状態を感じとってください。1日3セットを目標にするとよいでしょう。時間

4 両肩

①手のひらを体側に向けて、両腕をまっすぐ下ろす。②力を入れて両肩を上にあげる。約 10 秒間そのまま。③その状態で力を抜き、両肩をもとの位置に戻す。

---

5 首筋

①顔を正面に向けて、首筋の力を抜く。②首を右にひねり、約 5 秒間そのまま。痛かったら無理をしない。③顔をもとに戻して、約 15 秒間そのまま。左向きも同様のやり方で実施。

---

6 顔面

①ふつうの表情のまま、顔をまっすぐに向ける。②口をすぼめて、顔全体を中心に寄せる。約 10 秒間そのまま。③力を抜いて、顔全体の筋肉をゆるめる。約 15 秒間そのまま。

---

7 全身

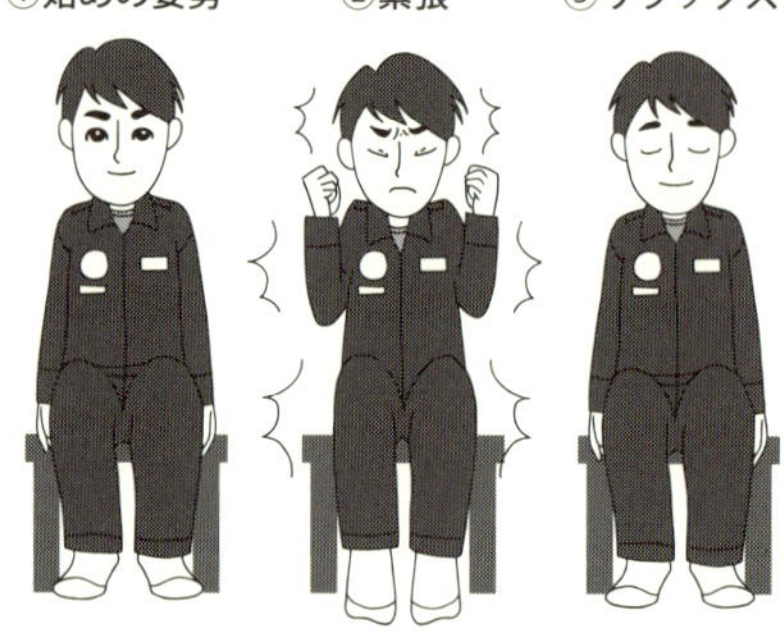

①顔を正面に向けて、椅子に座ったまま姿勢を正す。②①から⑥の各部位に一気に力を入れる。約 10 秒間そのまま。③ゆっくり力を抜き、全身を弛緩させる。約 15 秒間そのまま。

漸進的弛緩法の簡易的なやり方

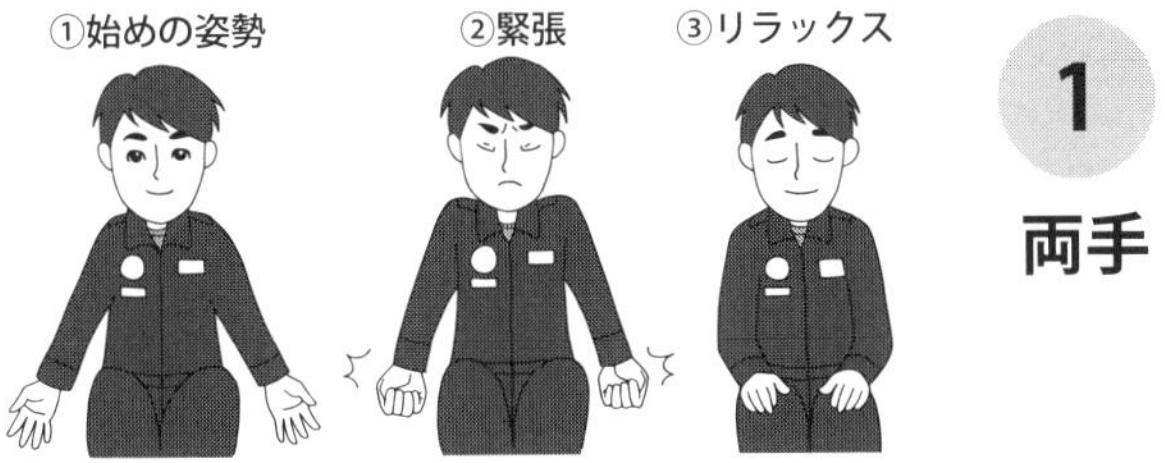

①手のひらを上に向けて、両腕を前に伸ばす。②親指を内側に力を入れて手を握る。約 10 秒間そのまま。③ゆっくり手を広げて膝の上におき、力を抜く。約 15 秒間そのまま。

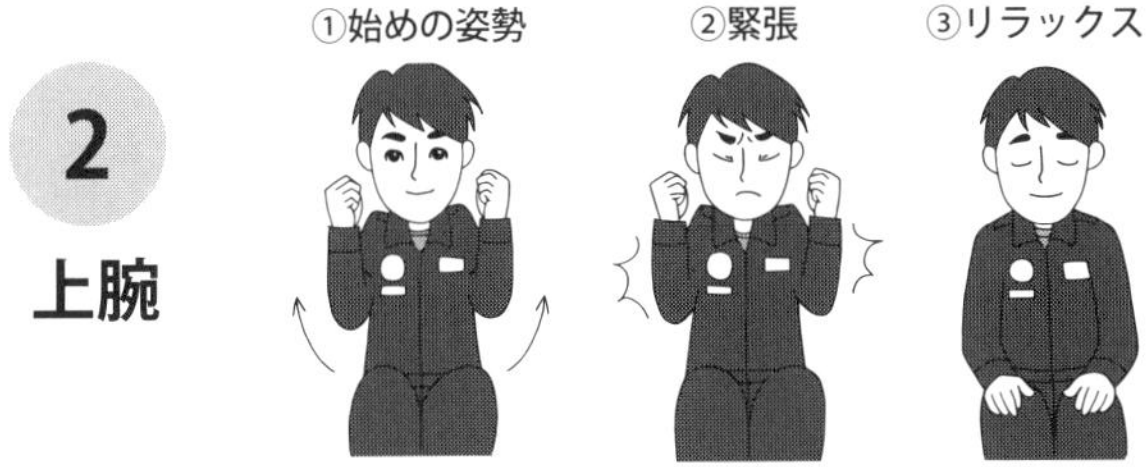

①親指を内側に手を握り、腕を曲げて手を肩まで上げる。②曲げたままの状態で腕に力を入れる。約 10 秒間そのまま。③ゆっくり力を抜いて手を下ろす。約 15 秒間そのまま。

①親指を内側に手を握り、腕を曲げて手を肩まで上げる。②腕を外側に広げて肩甲骨を引き付ける。約 10 秒間そのまま。③ゆっくり力を抜いて手を下ろす。約 15 秒間そのまま。

がなければ、1セットでもよいと思います。

(3) バイオフィードバック法

本来目で見ることができない心の状態を可視化することで、自分のリラックス状態を身体に覚え込ませるものです。

人間は緊張状態になると血圧が上昇したり、心臓の拍動が増加したりします。リラックスしていると、血圧は下降して、心拍数も減ります。また、リラックスしていると脳波はアルファ波になっています。この状態を脳波計や心電計などの生理的な状態を計測する器具で測定します。

しかし、いちいち脳波計や心電計の計測値を見るのでは不便です。

そこで計測装置と音刺激や光刺激とを連動させます。例えば、緊張状態になって血圧が上昇した場合、それをブザーで知らせます。ブザーを聞いたら「緊張しているな」と感じて、リラックスするよう心がけます。血圧が下降するとブザー音が消えるので、自分がリラックス状態であることを客観的に知ることができます。

これを繰り返して訓練することで、リラックス状態を意識的につくりだせるようになります。

ここでは以上、３種類の方法の紹介にとどめますが、このほかにもさまざまなリラックス法があります。この三つの中に自分に合った方法がなければ、専門家の指導を受けるなどして、確実かつ安全なリラックス法を身につけることをお勧めしておきます。

強固なチームをつくる

ストレス耐性の向上は、個人でよりもチームで対応したほうがより効果的です。

そこで宇宙飛行士は講義や実技訓練を通じて、チーム構築の要点を学びます。チーム形成の基本原則を理解していると、チーム運営に迷いが生じたとき、解決の糸口を見つける手助けになります。

チーム構築には、４つの段階があります。４つの段階とは導入段階、流動段階、秩序段階、活動段階です。

導入段階は、チームに選ばれたメンバーの顔合わせです。お互いの性格や経験を知り、一緒に仕事を始めます。この段階ではまだお互いを十分に理解していません。

次の流動段階は、最も重要な段階です。メンバーの役割分担を決めるのもこの段階。何より流動段階ではチーム内で方向性の違いから論争が起きたり、派閥ができたり、権力争いが起こったりします。チームが良い方向にまとまるのか、バラバラになるのか、まさに〝流動〟の段階です。

この段階で重要なことは、チームメンバーが認める公式のチームと別にもう一つ、非公式のグループをうまく形成できるかどうかです。

公式のチームとは組織が定めた目標達成に向けて、お互いが協同して働くグループです。会社でいえば部・課・係・班です。

非公式のグループとは、気が合う者同士が集まってできるグループです。仕事が終わったあと飲みに行ったり、休日に一緒にゴルフや釣りなどを楽しむ、単に遊び仲間と言っても良いかもしれません。

この両方のグループがチーム内でうまく共存してバランスを保てれば、たとえ意見が違っていてもチームは組織目標に向かって機能します。公式のグループのリーダーと非公式グループのリーダーには、必ずしも同じ人がなるとは限りません。大切なのは公式のチームのリーダーの資質、特にリーダーシップと人間性です。

職場において非公式グループのリーダーにチームの主導権を握られてしまうと、本来の組織目標ではなく、違った目標にチームが向かってしまいかねません。

かといって非公式のグループに対して過度に干渉すると、非公式グループに属するメンバーは不満を持ちます。非公式グループは、メンバーにとって息抜きの場所でもあるから当然です。

公式チームのリーダーは目標達成に支障がなければ、非公式グループの活動にある程度まで目をつぶっていられる、人間として器の大きさが求められます。

流動段階をうまく切り抜けたチームは、次に秩序段階に入ります。

チームで行動するための約束ごとをつくる段階です。会社で社員が守るべき規律があるのと同じです。規律以外にも組織が目指す目標を設定し、仕事をするうえで必要な技量や資格を定めます。

このとき、規律づくりにメンバーを参加させると効果的です。自分たちで決めた規律は自ら破りにくいもの。この心理を有効利用します。

目標や規律がチーム内に浸透すると、チーム力が結集され、いよいよ活動段階に入ります。

宇宙飛行士のリーダーとなる人は、これら導入、流動、秩序の三つの段階をうまく切り抜ける能力に長けています。またこのようなチームは、秩序を持って効率的に活動でき、チーム内や個人的な葛藤《かっとう》にも対応できる強固な集団になります。

働きやすい職場の環境づくり

宇宙飛行士は快適に生活できる環境づくりがうまい人たちです。

生活しやすい環境が整えば、安らぎを感じて気持ちが落ち着きます。閉鎖・隔離された環境では、居住空間が広いほど快適性も増します。そうはいっても、無制限に大きな宇宙船をつくることはできません。当然ながらロケットの打ち上げ能力によって大きさや重量が決まってしまいます。

もう退役してしまいましたが、スペースシャトルで打ち上げ可能な宇宙船の大きさは直径4・5メートル、長さ12メートル程度でした。

日本が初めて開発した有人宇宙施設〝きぼう〟の実験棟は、おおよそこの大きさです。大型バス1台分だとイメージしていただければいいと思います。宇宙船内の広さの目安としては、半年間の滞在であれば一人当たり20立方メートルです。ちなみに、アメリカのアポロ宇宙船は一人当たり2立方メートルでした。アポロ宇宙船のように2週間程度の宇宙飛行であっても、最低3立方メートルの広さは必要とされていましたから、宇宙飛行士がとても狭い空間で頑張って仕事をしていたことがわかります。

このように狭い空間で生活を強いられる場合は、一人になれる空間が絶対に必要です。国際宇宙ステーションには、個室が一人一人に用意されています。プライバシーがなければ、狭い空間で半年間もの長い間にわたって集団生活を行うのは困難です。

船内の広さのほかにも、室内の明るさ、騒音、温湿度などの船内環境も大切な要素となります。

一般的な職場環境も同様でしょう。狭い、雑然とした執務室では作業効率が上がりません。ちょっと動けば背中あわせの人とぶつかってしまうような机の配置では、それこそ息がつまってしまいます。背中あわせに机に向かっても、ひと一人が余裕で通れるスペースくらいは確保したいものです。

考えをまとめるなど、仕事に集中したいときには一人になりたい場合があります。

ですが、職場で個室を持てるのは、ごく限られた上位者だけです。海外企業では大部屋を間仕切りで区切って、個人スペースを確保する工夫がされています。日本の場合は、大部屋に担当グループごとに机を並べているのが一般的です。

このような配置は相手が何をやっているかが見えるので、仕事の連携が取りやすいといえます。またお互いの顔がよく見えるので、ちょっとした相談など会話がしやすいのでコミュニケーションの促進には利点があります。しかし、真向かいの相手の視線が気になって落ち着かないのも事実です。

こんな場合は、自分と相手との間に仕切り板を立てると良いでしょう。高さとしては、報告書を書くときなど視線を落とすと相手が見えなくなり、頭をあげると相手の顔が見える程度の高さが良いといえます。実際、このような工夫をしている会社も増えてきています。仕切り板は無機質な金属製の板ではなく、プラスティック製や布張りなどを使えば柔らかな雰囲気を醸し出せます。

狭いスペースであっても工夫がなされている職場は、雰囲気が良くストレスがたまりにくい職場といえるでしょう。

地上からの支援

宇宙飛行士は心も身体も頑健なので、ストレスなんか簡単に打ち負かしてしまうと思われがちです。しかし、宇宙飛行士だって人間です。

ストレスを受ければ、やはり心も身体も影響を受けます。地球上であれば、家族や親しい友人に愚痴を言ったり、医師に相談したりすることができます。ですが、宇宙では自分自身と一緒に宇宙船に同乗している仲間で解決しなければなりません。

ＮＡＳＡの宇宙飛行士から聞いた話で印象的なものがあります。

彼が言うには「宇宙飛行が長期化すると地球上と同じように、さまざまな人間的なトラブルが起こることが予想されます。ストレスがたまればイライラするし、仲間同士で喧嘩《けんか》だってするかもしれません。だからこそ、宇宙飛行士への地上からの支援は大切なんです」とのことでした。

宇宙飛行士が搭乗割当を受けると、支援チームが組織されます。

支援チームは宇宙飛行士の訓練、打ち上げ、宇宙滞在、そして帰還するまで親身になって支援を行います。またフライトサージャン（航空宇宙医師）と呼ばれる専任医師がついてくれて、健康状態をきめ細かにチェックし、健康上の相談にのってくれます。そのほか看護師、心理学の専門家など、医学的なサポート要員が心身両面のケアをしてくれるといった具合です。

このように宇宙飛行士の周りには、常にサポート要員が影のように寄り添い、仕事に専念できるように配慮されています。宇宙飛行士と支援要員との間で信頼関係が結ばれているからこそ、宇宙飛行士は安心して宇宙に滞在できるのです。

チームの総合力を高めるコツ

本章の最後に、チームの総合力を高めるスペース・フライト・リソース・マネジメント(Space Flight Resource Management：ＳＦＲＭ)訓練を紹介します。

これは宇宙飛行士全員が受ける必須の訓練です。

実は、すでに第1章で最重要事項として取り上げた話なのですが、また改めて違う観点から記しておきたいと思います。↓図⑧。この項目は、それだけ重要度が高いのです。第1章を参照しつつ読んでいただくと、よりいっそう深くご理解いただけるだろうと期待しつつ、以下を記していきます。

図⑧

SFRM 訓練で向上させる個々の能力・技量
意思決定
解決策の選択
決定の実行
行動の振り返りフィードバック
状況認識
状況の把握・認識の共有
警戒・見張り
状況の予測
問題点の分析
コミュニケーション
情報の伝達と確認
ブリーフィング
安全確保の信念
相互理解の促進
ワークロード管理
計画立案
優先順位付け
タスクの配分
指揮・命令
権限の明確化
各要員の責任範囲の明確化
説明・説得
相互協力の促進
リーダーシップ
プロ意識
チーム活動に適した雰囲気・環境づくり
意見対立の解決

SFRM訓練の始まり

SFRM訓練は、宇宙飛行に特有な訓練ではありません。

もともとは、民間の航空業界で発展してきたクルー・リソース・マネジメント（Crew Resource Management）訓練を応用したものです。CRM訓練は搭乗員たち、すなわち「人間集団」に対して施される訓練であり、できるだけヒューマンエラーをなくす意図から始められました。

なぜ、航空業界からCRM訓練が始められたのでしょうか。

その大きな要因は、航空機事故の約70パーセントがヒューマンエラーが原因とされている事実です。技術の発展とともに、航空機の信頼性は飛躍的に向上してきました。その一方で、ヒューマンエラーはなかなか減少しません。コンピュータ技術を応用して訓練設備の機能を充実させ、パイロットの操縦技術を高めても、事故減少の決定打にはなりませんでした。

そこで航空業界が着目したのは、チームとしてのパイロットの総合力でした。

どんなに優秀なパイロットであっても、一人でできることには限界があります。ですから「人間はエラーをおかすもの。エラーをしないようにお互いがカバーするべき」という意識を持っているパイロット集団のほうがより大きな力を発揮できます。

そのためには、操縦席内で利用できるあらゆるリソース（資源）を有効活用する必要があります。資源は情報であり、機器であり、それを扱う人です。

人は、パイロットだけではありません。同乗している客室乗務員も重要なリソースです。さらに航空管制官や整備士など、地上で安全運航を支える人たちも大切なリソースです。いまリソースという言葉を使いましたが、これらの人たち全員が「チームの一員」だと言ったほうが当たっているかもしれません。

CRM訓練は航空業界にとどまらず、原子力発電所や医療現場へと適用範囲が広がっていきました。

お手本は他業種

CRM訓練の効果により、ヒューマンエラーによる航空機事故は確実に減ってきています。そこに着目したのがNASAの宇宙飛行士室と宇宙飛行訓練部です。

きっかけとなったのは、1997年のスペースシャトル（STS-87）の失敗でした。

計画ではスペースシャトルに搭載された太陽観測衛星「スパルタン」を宇宙空間に放出・設置することになっていましたが、正しく放出できませんでした。

この失敗の原因は、ヒューマンエラーだとされています。

このまま放置しておくと、スパルタン衛星は宇宙空間をさまようことになります。そこで2名の宇宙飛行士が船外活動を行い、衛星を手でつかんで再びスペースシャトルの貨物室に収納し、地上に持ち帰ることにしました。

船外活動を行った宇宙飛行士のうち1名は、STS-87のクルーとして搭乗していた土井隆夫宇宙飛行士です。

このような失敗を再び起こさないためにも、NASAはヒューマンエラー対策に成功している航空業界や原子力発電業界に教えを乞いました。CRM訓練を最初に導入したのは航空業界であり、それは1980年代のことでした。

NASAは10年以上も遅れて、ようやく宇宙にもCRM訓練の導入に踏み切ったことになります。

だからといって、NASAのチーム行動能力が劣っていたわけではありません。

トム・ハンクス主演の映画で有名になった「アポロ13」がいい例です。アポロ13号は月に向かう途中で爆発事故が発生して、宇宙飛行士の生還が危ぶまれました。この絶望的な状況に際して、宇宙飛行士、地上の運用管制要員、そして宇宙船技術者が自分たちの持つ能力を最大限に活用して、宇宙飛行士は地球に生還できました。

チーム全体を統率したのが運用管制チームの責任者〝ジーン・クランツ〟でした。

このときの彼の頭にあったテーマは単純明快で「問題を解決して、宇宙飛行士を地球に生還させる」、ただそれだけです。宇宙飛行士の目的も単純明快でした。「地上支援チームを信じて、地球に帰る」、ただそれだけです。

ＳＦＲＭ訓練のやり方

航空業界や原子力業界での調査に基づいて、ＮＡＳＡは宇宙飛行士に必要な６つの能力を特定しました。

それは、第１章で述べた「意思決定」「状況認識」「コミュニケーション」「ワークロード管理」「リーダーシップ」、そして「指揮命令」です。個々の能力の詳しい内容は、第１章を参照していただくとして、ここではＳＦＲＭ訓練の基本的な実施方法を説明します。

ＳＦＲＭ訓練は、三つの段階に分かれていて、第一段階は「基礎学習」、第二段階は「実技訓練」、そして最後の仕上げの第三段階が「習慣・定着」です。

(1) 目的と効果を理解するのが訓練

第一段階の「基礎学習」では、まず、SFRM訓練の目的を教えます。SFRM訓練の目的は、ヒューマンエラーによる事故防止、そして、安全をおびやかすさまざまな要因に適切に対応するため、個々の能力とチームの総合力を最大限に活用できる行動様式や知識を学ぶことです。対象者は、宇宙飛行士だけではありません。地上の運用管制要員やエンジニア、そして重要な意思決定を行う管理者もSFRM訓練を行います。

宇宙飛行に関係するすべての人がチームの一員なのです。

次に、SFRM訓練の効果を理解してもらいます。

それでは、SFRM訓練はどのような効果があるのでしょうか。

最大の効果は、ヒューマンエラーあるいは安全をおびやかす外部要因による事故誘発のリスクを低減できることです。つまり、自分と仲間の命を助けてくれます。これ以上に大きな効果はないでしょう。

そして基礎段階の仕上げとして、ヒューマンファクターの基礎知識すなわち、人間の特性、人間と機械の相互作用、作業環境が人間に与える影響などを学習します。

訓練の目的と効果を理解できないと「ＳＦＲＭ訓練をやって、どんな意味があるのか」と疑って訓練に身が入りません。経験豊かなベテランほど、最初はＳＦＲＭ訓練の効果を疑いやすいようです。自分の経験と技量があれば、十分にチームを統率できると自信を持っているからかもしれません。

ですが、宇宙船や宇宙をとりまく環境は、一人の力で何とかできるほど単純ではないのです。そのことは当の宇宙飛行士が身をもって理解している……はずだと思います。

一般の職場でも、さまざまな関係部署が関連していたり、顧客の要求が多様化してきているので、一人の優秀な社員だけでは十分に対応できなくなっています。

自分の能力に自信がある人にＳＦＲＭ訓練を行う場合は、とにかく過去の事例をわかりやすく丁寧に説明するしかないでしょう。下手に説得しようとすると、かえって反発心を煽《あお》ってしまいます。

効果的なのは映像です。

ＪＡＸＡでも役者さんに良い行動と悪い行動パターンを演技してもらってＤＶＤに収録し、ＳＦＲＭ訓練に活用しています。あるいは、ＳＦＲＭ訓練の様子を録画して自分の行動を客観的に振り返ってもらうのも良いでしょう。自分のちょっとした言動が部下を委縮させたり、やる気をなくさせたりしている映像を見ると、誰でも「ＳＦＲＭ訓練を受けようかな……」という気持ちになるはずです。

(2) 6つの能力を活用するのが訓練

第二の「実技訓練」では、実際の運用段階に近い環境で訓練を行います。

スペースシャトルの訓練では本物そっくりのスペースシャトルを使って、実際の運用手順に従って訓練を進めます。ただし、いきなり実際に近い運用環境でＳＦＲＭ訓練をやっても、期待するほどの効果は得られません。

簡単な作業から始めて、だんだん難易度を上げていきます。

最初は30分程度で終了する作業を選ぶと良いでしょう。

例えば、打ち上げフェーズ、帰還フェーズの作業といったように、作業を細かく区切ります。もちろん最終的には、打ち上げから帰還までの全ミッション過程に対してＳＦＲＭ訓練を行うことになります。

訓練中の宇宙飛行士は求められる6つの能力、すなわち第1章で紹介した「意思決定」「状況認識」「コミュニケーション」「ワークロード管理」「リーダーシップ」、そして「指揮命令」を意識しながら、与えられた作業を遂行します。

このとき、事前にチェックポイントを頭に入れておくと、より効果的に訓練を行えます。

例えば、

a 意思決定のチェックポイント

・その意思決定は、定型的な性質のものであったか、あるいは非定型な性質のものであったか。
・定型的な意思決定である場合、決められたルールの中から適切なものを選ぶことができたか。
・非定型な意思決定であった場合、複数の選択肢を想定し、適切なものを選んだか。
・自信と責任を持って意思決定を行ったか。

b 状況認識のチェックポイント

・視覚や聴覚などの感覚を十分に使って状況を適切に知覚できたか。

・知覚した状況を分析して現在起きている状況を適切に理解できたか。
・現在の状況から将来引き起こされる現象を正しく予測できたか。

c コミュニケーションのチェックポイント

・結論は明瞭かつ簡潔であったか。
・結論に至った経緯（考え方）を説明したか。
・説明が理解されたことを確認したか。
・言語と文書によるコミュニケーション手段のうち適切なほうを選択したか。

d ワークロード管理のチェックポイント

・作業の優先順位は適切か。
・メンバーに割り当てた作業量は適切か。
・作業量を減らす場合、作業の優先順位に基づいて行ったか。

e　リーダーシップのチェックポイント

・チーム内に良好な雰囲気をつくれたか。
・仲間の宇宙飛行士に対する指導力と包容力は適切だったか。
・プロフェッショナルな実行力を仲間に見せることができたか。
・チーム内の対立は適切に対応できたか。

f　指揮命令のチェックポイント

・自分の責任範囲を理解して命令したか。
・命令がすべての部下に行き渡ったことを確認したか。
・命令の意図が理解されたことを確認したか。
・下した命令に対する結果責任を取る覚悟はできていたか。

ＳＦＲＭ訓練を一般の職場に応用する場合、最初のうちは「今日は『コミュニケーション』に着目して訓練を行いましょう」といったように、テーマを絞って訓練するのが良いと思います。

例えば、コミュニケーションに着目した訓練。リーダー役となる人は、チームの各要員がリーダーである自分や仲間に対して、率直に意見を述べやすい雰囲気づくりを心がけてください。雰囲気づくりがコミュニケーションの第一ステップです。

一方、部下役のフォロワーはリーダーを補佐するため、自分が何を伝えるべきかを考えます。そして自分がリーダーを支えることで、自分自身だけでなく、チーム全体が目標に向かって動き出すことに喜びを感じられるようになってください。

訓練で使う課題は、最初は日常的な仕事の場面から始めて、より複雑な仕事の場面へと進めていきます。

ある特定の仕事の場面を想定して、訓練用シナリオをつくると効果的です。訓練シナリオをつくる時間的・コスト的な余裕がない場合、実際の仕事場面でＳＦＲＭ訓練を行うことも一つのやり方です。この場合、安全には十分に気をつけてください。

(3) 自分で考え、自分で行動するのが訓練

ＳＦＲＭ訓練の最大の特徴は訓練を受ける者が自ら積極的に参加して、自分で考え、そして自分で行動することです。このことを理解していないと、ＳＦＲＭ訓練の効果は半減します。

なぜなら、ＳＦＲＭ訓練ではインストラクター（教官）は訓練を手取り足取り教えてくれません。訓練を受けるチーム全員で訓練を運営します。ですから、訓練終了後にも、インストラクターからの評価はありません。チーム全員で自分たちの〝でき具合〟を評価します。

これを「デブリーフィング」、あるいは「振り返り」といいます。

デブリーフィングで注意すべきことは二つ。一つ目はあくまでチーム力を評価するのであって、個人の能力評価を行わないことです。二つ目はできなかったことを非難するのではなく、どうすればできるようになるのかを考える。

ただし、自分たちだけでは間違った方向に訓練が進んでしまうことがあります。

ですから、宇宙飛行士の訓練では〝ファシリテーター〟（協働促進者）と呼ばれる

ＳＦＲＭ訓練の専門家、あるいはベテランの宇宙飛行士がそばにいて、訓練目標に近づくように誘導してくれる態勢をとっています。

ファシリテーターの役割は、被訓練者が「訓練を受けて良かった」と満足するように手助けをすることです。

ＳＦＲＭ訓練のもととなったＣＲＭ訓練では、最初はパイロットたち、特にベテランの機長たちから、訓練効果に疑問を投げかけられたそうです。教官による指示的な訓練に慣れ親しんできたパイロットにとって、操縦技量を教えてくれるわけでもなく、「自分たちで考えて、行動してください」といった訓練は訓練とは認め難かったのではないかと思います。そこでファシリテーター（促進役、あるいは調整役）という、教官とは違った役割が加わりました。

ファシリテーターはＳＦＲＭ訓練を開始する前に、訓練目的、訓練方法、訓練効果を被訓練者に理解させることに十分な注意を払います。注意は払いますが、指示を与えるなど、押し付けるようなものの言い方はしません。

実技での訓練中でもそうです。ヒントを与えて相手が自分で気がつくように努めます。安全に問題があったり、著しく訓練目的を逸脱しない限り、訓練を中断したり、指導するようなことはしません。

不適切な行動があっても訓練を継続します。

ファシリテーターは、このときのチームの状況など周囲をよく観察します。実技が終了すると、デブリーフィングを行って、チーム全員で実技での訓練内容を評価します。このときも、ファシリテーターはチームによる評価が適切な方向に向かうように支援するのが役割です。

(4) 習慣・定着するまでが訓練

第三段階は「習慣・定着」です。

SFRM訓練は訓練を受ける宇宙飛行士が主役です。したがってSFRM訓練の最大の課題は、訓練を受ける人たちに、どうやって訓練効果を実感させるかです。そのためには、組織の長やベテランが率先してSFRM訓練を受けること。最初の問題は、ここに集約されます。

NASA宇宙飛行士室の室長はSFRM訓練の有効性にいち早く着目して、航空業界や原子力業界のCRM訓練を調査しました。

いまでは、ＳＦＲＭ訓練はすべての宇宙飛行士がその有効性を認めています。ＳＦＲＭ訓練が宇宙飛行士だけではなく、運用管制要員や意思決定を行う管理者にも適用されているのは、すでに述べたとおりです。

ＪＡＸＡでは、１９９９年に宇宙飛行士候補者に選抜された古川聡、星出彰彦、および山崎直子宇宙飛行士の基礎訓練から、ＳＦＲＭ訓練を訓練課目に取り入れました。

そしてここ数年前からは、運用管制要員や管理者にもＳＦＲＭ訓練を導入し、チーム力のアップを図ってきました。

導入当初、元全日空の機長で長年ＣＲＭ訓練を研究されている石橋明氏の協力を得てＳＦＲＭ訓練教材の作成指導を仰ぎ、第一段階の「基礎学習」での講師をお願いしました。自ら操縦桿《そうじゅうかん》を握って体験された講義の内容には、文句なしの説得力があります。

また、第二段階の「実技訓練」では、ファシリテーター役を引き受けていただきました。ファシリテーターの重要性が認識されてきたので、運用管制要員のリーダーを中心にファシリテーター養成コースをつくり、ＳＦＲＭ訓練の習慣・定着に力を注いでいます。

ファシリテーターになるには、コミュニケーション、リーダーシップ、そして状況認識において高い能力を必要とします。そこで、ファシリテーター養成コースには、運用管制チームの責任者である〝フライトディレクター〟に参加してもらいました。

リーダーもフォロワーも変わることが求められる

それでは、ＳＦＲＭ訓練を通じて、どのような効果が生まれるのでしょうか。

その一例を〈コミュニケーション〉面から説明します。

いくら仕事ができても、話しにくい、厳格すぎるリーダーに対してはその力量から信頼はされるにしても、積極的にリーダーに話しかける部下はいないでしょう。ほとんどの部下はリーダーからの指示を待っているだけ。そんな状況に陥りがちなのではないかと思います。このようなチームは、リーダーの能力を超える成果を出すことができません。

リーダーがここに気がつけば、ＳＦＲＭ訓練の目的は達成できたといえます。実際の仕事においてリーダーは自分が支援を必要とするとき、部下に自分が置かれている状況（突発的な仕事が入ったなど）を説明して、自分が困っていることを正直に話せるようになります。

すると、指示の与え方も変わるのです。自分がどのような支援を必要としているのかを具体的に伝えて、相手が理解しているかどうかを必ず確認するようになります。

ＳＦＲＭ訓練はあまりにも困難な状況だと、部下が気後れしてしまってふだんの能力を発揮できなくなることを教えてくれます。このことを学んだリーダーは事態が深刻であればあるほど、ユーモアを交えて話すようになります。

コミュニケーションは双方向の意思伝達手段です。リーダーだけが変わってもコミュニケーションは良くなりません。

リーダーに話しかけることが苦手な人は多いと思います。自分とリーダーとの地位が離れているほど勇気が必要です。このような人がＳＦＲＭ訓練を受けると、ふだんから「リーダーが自分に期待していることは何か」を考えるようになります。

そしてリーダーの言動を観察し、自分の考えと比較するようになります。もしリーダーと自分の考えが一致していない場合は、その原因・理由を考えるという、いわば「リーダー修業」を始めるようになるのです。例えば「自分と上司が持っている情報量に違いがある」ということに気がつけば、情報収集に努めるようになる。こういった行動が習慣化すれば、しだいにリーダーの考えていることが推測できるようになってきます。

このようにＳＦＲＭ訓練を繰り返すことによって、リーダーとフォロワーの行動に好ましい変化が表れてくる――これがＳＦＲＭ訓練の効果なのです。

第5章

有人宇宙飛行のリスクと覚悟

「有人宇宙飛行は安全か?」とよく聞かれます。

答えにくい質問です。

100パーセントの安全はないからです。また、実際に事故によって多くの宇宙飛行士の尊い命が失われています。それではなぜ宇宙飛行士は危険を知りながらも、宇宙へと向かうのか。

本章では宇宙飛行士が自らの生命を危うくする仕事にどう向き合い、死の恐怖にどう立ち向かっているのか、宇宙飛行士との交流の中で筆者が感じ取ったことをみなさんに少しでもお伝えできればと思います。

有人宇宙飛行のリスクを知ること

リスクと危機とは、混同されることがあります。

危機は、最悪のことがすでに起こっている状況です。

そしてリスクは、将来的に起こりうる最悪の状況を指します。

もちろんリスクが危機にならないことを望みますが、すべての宇宙飛行士が事故に遭うことなく、宇宙飛行士としてのキャリアを全うできるわけではありません。宇宙飛行士には事前に有人宇宙飛行におけるさまざまなリスクを説明し、それでも有人宇宙飛行を行う意思があるかどうかを確認します。

当然のことながら、宇宙飛行士にリスクは「ある」のです。

過去の死亡事故1（有人宇宙飛行中）

宇宙飛行士にとって最悪の状況は、死亡事故です。

これまで18名の宇宙飛行士が、宇宙飛行中に事故の犠牲になっています。アメリカでは二度にわたるスペースシャトルの事故で14名の宇宙飛行士が亡くなっています。

一度目はスペースシャトル「チャレンジャー号」（1986年1月28日）の事故です。打ち上げ時に個体燃料補助ロケットが爆発して、7名の宇宙飛行士が亡くなりました。個体燃料補助ロケットから、高温の燃料ガスが漏れたことが爆発の原因です。

二度目はスペースシャトル「コロンビア号」（2003年2月1日）の事故です。帰還時にスペースシャトル本体が空中分解して、7名の宇宙飛行士が亡くなりました。打ち上げ時に外部燃料タンクの断熱材が剥《は》がれ落ちてスペースシャトル本体に衝突し、その衝撃で左翼前縁部に大きな穴が開いてしまったのです。

そして、帰還時にその穴から非常に高温のガスが機体内に流れ込んだことが空中分解の原因とされています。


旧ソ連では、二度にわたるソユーズ宇宙船の事故で4名の宇宙飛行士が犠牲になっています。

一度目はソユーズ1号（1963年4月23日）の事故です。ソユーズ1号はミッション当初から電力不足や姿勢制御の故障など、さまざまな不具合が発生しました。そして最終的には、操縦不能に陥るほどの深刻な事態になりました。

それでも宇宙飛行士と地上管制チームの努力により、何とか大気圏再突入にこぎつけることができました。

しかし無事帰還の願いもむなしく、着陸緩衝用のパラシュートが正常に開かず、地表に激突してしまい、1名の宇宙飛行士が亡くなりました。この事故はパラシュート格納容器の設計不良が原因とされています。

二度目はソユーズ11号（1971年6月30日）の事故です。

大気圏再突入には成功したものの、船内の空気が漏れてしまい、宇宙飛行士3名全員が窒息死しました。船内気密を維持するバルブの故障が事故原因とされています。この事故の教訓から、ソユーズ宇宙船の打ち上げ／帰還時には、空気がなくても生きていられるように、〝ソコルスーツ〟と呼ばれる船内与圧服を着用することになりました。

過去の死亡事故2（宇宙船開発初期および訓練中）

有人宇宙船開発の初期段階において、アメリカではNASAと空軍共同でX－15計画が行われていました。

事故は、そのX－15と呼ばれるスペースプレーンの7回目の飛行実験中に起きています（1967年11月15日）。高度26万6000フィート（81・1キロ）に到達したとき制御不能に陥り、マッハ15のスピードで機体は空中分解、操縦パイロット1名が死亡しました。

原因は、電気系統の不具合でした。国際的な基準では、高度100キロ以上が有人宇宙飛行です。高度80キロでは厳密な意味で有人宇宙飛行とは言えませんが、犠牲になったパイロットには、有人宇宙飛行の証である「宇宙飛行士バッジ」が授与されました。

訓練中の死亡事故は、アポロ1号の訓練中に起きました（1967年1月27日）。ケネディ宇宙センターの発射台上でアポロ司令船での打ち上げ訓練中、船内で火災が発生。懸命の消火活動もむなしく、3名の宇宙飛行士全員が焼死する痛ましい事故でした。火災発生の直接原因は突き止めることができませんでした。

事故調査の結果、高濃度純度酸素（通常大気の5倍）が火災発生を増長したこと、船内から脱出したくてもハッチを開けることができないなど、構造上の問題点が特定されました。この教訓により、アポロ宇宙船の安全化が促進されたのは言うまでもありません。

トライ&エラー。宇宙飛行士たちの死をこんな言葉で表したくはありませんが、彼らの尊い犠牲のうえに宇宙開発が進んできたのは、まぎれもない現実なのです。

ジーン・クランツという人を知っていますか。

宇宙飛行士ではありません。彼はアポロ13号事故のときの飛行管制指揮官（フライト・ディレクター）で、伝説の飛行管制指揮官です。ジーン・クランツはアポロ1号事故の3日後、仲間の飛行管制官を管制室に集めて、リスク管理に対する心構えを説きました。

その言葉はNASAのリスク管理に対する指針にもなっています。

ジーン・クランツの10か条

1. Be Proactive
（先を見越して動け）

2. Take Responsibility
（自分の担当は自ら責任を持て）

3. Play Flat-out
（きれいになるまでやり通せ）

4. Ask Questions
（不確実なものはその場で質問をして把握せよ）

5. Test and Validate All Assumption
（考えられることはすべて試し、確認せよ）

6. Write it Down
（連絡も記録もすべて書きだせ）

7. Don’t hide mistakes
（ミスを隠すな、仲間の教訓にもなる）

8. Know your system thoroughly
（システム全体を掌握せよ）

9. Think ahead
（常に、先を意識せよ）

10. Respect your Teammates
（仲間を尊重し、信頼せよ）

「今後、飛行管制官は二つの言葉で知られることになるだろう。すなわち、飛行管制官は〝タフで有能〟(Tough and Competent.)の二つだ。タフとは、自分の行動に全責任を持ち、失敗したことについても全責任を持つことをいう。自分に与えられた責任を全うすることにおいて、決して妥協してはならない。管制室では、信念をつらぬこうではないか。

有能とは、思い込みで行動しないことだ。知識や技量に不足があってはならない。飛行管制官は、いつも完璧でなければならない。今日、この会議が終わって執務室に帰ったとき、諸君が何を置いても第一にしなければならないのは、この〝タフで有能〟という言葉を黒板に書くことだ。

そして、絶対に消してはならない。

執務室に入るたびに、諸君は黒板の言葉に目を向け、グリソム、ホワイト、チャフィー宇宙飛行士、3人の貴い犠牲を思い出してほしい。この言葉、〝タフで有能〟は、飛行管制官としての証である」

ジーン・クランツはこの言葉以外にも、飛行管制官が守るべき10か条の約束事を定めています。これらは、さまざまな場合でも適用できる優れた約束事です。前ページに表にしましたので、ぜひ参考にしてください。

重大事故から生還した事例

生命が危ぶまれる重大事故から生還した宇宙飛行士もいます。

その一つが、アポロ13号の生還です。１９７０年4月11日に打ち上げられたアポロ13号は、打ち上げの2日後、備え付けの酸素タンクが爆発しました。その結果、月着陸は中止されました。事故は深刻で、月着陸どころか地球への帰還さえも危うい状況でした。

地上の飛行管制官やエンジニア、そして宇宙飛行士の個々の能力とチームワークにより、3名の宇宙飛行士は地球に帰還することができました。ミッションは失敗しましたが、関係者全員が見事な対応を見せてくれたのです。

ソユーズ宇宙船には、スペースシャトルとは違った安全対策が施されています。

その一つが、打ち上げ時の緊急脱出用システムです。ソユーズロケットの打ち上げが失敗しても、この緊急用脱出システムとソユーズロケットが分離して、宇宙飛行士は地上に戻ることができます。

戦闘機パイロットが座席ごと機体から分離される射出座席装置に似ています。過去、このシステムが二度使われました。

一度目は1975年4月5日のソユーズロケットの打ち上げです。打ち上げ当初の飛行は順調でした。その後、多段ロケットの分離に失敗して、高度145キロで緊急脱出用システムが作動、2名の宇宙飛行士は無事地上に着陸することができました。

二度目は1983年9月26日のソユーズロケットの打ち上げです。ロケット爆発2秒前にシステムが作動、かろうじて宇宙飛行士2名の命が救われました。

以上のような死亡事故や重大な事故が自分に降りかかることがわかっていても、怖くて宇宙飛行士を辞めるという者は一人もいません。むしろ「やるぞ」という強い気持ちが伝わってきます。宇宙飛行士とは……、理屈抜きで尊敬に値する人たちである、これだけは間違いありません。

リスクへの心構え

リスクは悲観的にとらえる

リスクが現実になり、事故に遭遇したとき、そのときの受け止め方には二つのパターンがあります。

一つは「自分が原因で事故になってしまった。自分がしっかりしていれば事故は防げたはずなのに……」と考える悲観的（または内罰的）なパターン。もう一つは「自分ではどうすることもできないから仕方がなかった。自分は本当に運が悪い（あるいは、こうなったのは誰々のせいだ）」と考える楽観的（または外罰的）なパターンです。

この二つのパターンは、教育心理学では「統制の所在（Locus of Conrol）」という概念で知られています。

「自分に非がある」と考える人は「統制の所在が内側にある」といわれ、「自分以外の人や物に非がある」と考える人は「統制の所在が外側にある」といわれます。

統制の所在が内側にある人は、何ごとにおいても最悪の状況を想定して行動する傾向があります。このため性格的に暗いといったネガティブな印象ですが、必ずしもそうとは限りません。自分の運命は自分で切り開くタイプです。

民間航空会社において、パイロットの統制の所在を調査したことがあります。その結果「統制の所在が内側にあるパイロットのほうが安全に関する意識が高い傾向にある」ということがわかりました。

つまり「事故は常に起こるもの」と警戒心を怠らず、「自分の能力不足が事故を起こす」と気を引き締めて、「事故を防ぐには不断の努力しかない」と自分自身の力でリスクを回避しようと努力する、こういった用心深さが統制の所在が内側にあるパイロットの特質、長所だといえます。

宇宙飛行士は表現豊かで、性格的に暗い人は皆無です。日常生活においては楽観的で、前向きな人が多い集団です。山崎直子宇宙飛行士の著書のタイトルにあるとおり、「何とかなるさ!」といった感じです。

しかしながら有人宇宙飛行への備えでは、統制の所在を内側とします。

将来起こりうるあらゆるリスクを想定して、一つ一つ抜かりなくリスク回避の対策を講じます。例えば、訓練において「何となく納得がいかない」と感じれば、躊躇せずにインストラクターに質問します。そして、すべての懸念が払拭されるまで絶対に妥協しません。徹底してリスク局面に備えることが、自分を事故から守る近道だと考えているからに違いありません。

ところが一方で、統制の所在が常に内側に向いたままだと、宇宙飛行士本人はもちろん、周囲の人たちの気が滅入ってしまいます。日常生活と訓練とで、統制の所在を切り替えることが大切なのです。

切り替えをうまく行うコツとしては、まず第一に統制の所在の位置（内側か、外側か）を意識して行動することです。飛行前の準備は、統制の所在を内側に向けて「リスクの見落としはないか」、「リスク対策に不備はないか」と徹底的なチェックを行います。このときは神経質なぐらい用心深くて良いと思います。

飛行中は、統制の所在を外側に向けて「あれだけ準備したのだから、ミッションは絶対達成できる。できないはずがない」と楽観的に行動し、「もし何か事が起こったら、それは運が悪かったのだ」と居直れるだけの大胆さがあっても良いと思います。

第二に仕事を離れたら、楽観的に物事を考え、そして行動する癖をつけることです。そのためには、大いに日常生活を楽しむこと。日常生活の楽しみ方の一つとして、例えば趣味があります。趣味を持つなら、多くの人と交流できる趣味が良いでしょう。ですから、スポーツなら団体競技がお勧めです。

良好な人間関係は、統制の所在の切り替えをスムーズに行うための、良き潤滑油になります。

リスクを冷静にみつめる

同じ状況にありながら、人によってリスクに対する捉え方が異なるのはなぜでしょうか。

一般にリスクを低く評価しがちな人は、リスクの中に自ら飛び込む傾向があります。その結果、事故に巻き込まれる確率が高くなります。その一方で、リスクを実際より高く評価しがちな人は不必要なまでにリスクを回避しようとする傾向があります。事故に備えるのはむろん良いことですが、あまり度が過ぎると、成功のチャンスを自ら逃がしてしまうことになりかねません。

リスクを評価する場合、二つの要因を考慮する必要があります。

一つは仕事量や作業環境などの外部要因です。

もう一つは自分の心身状態や能力といった内部要因です。

非常に仕事量が多くて、そのうえ期限が迫っている状況を考えてみましょう。このままの状況だと、期限までに仕事が終わらない可能性があります。仕事が終わるか、終わらないかは担当者の能力に大きく依存します。

経験豊かな人であれば、効率的に仕事を行うことができますし、自分の能力と仕事量を秤《はかり》にかけて、仕事が期日までに終わるかどうかを適切に判断することもできます。自分一人では無理だと判断すれば、応援を要請するなど適切な対応をとるでしょう。

十分な実績もないのに自分の能力を過大評価する人は、とかく自分一人で大丈夫だと安易に判断しがちです。ですから最悪の場合、期限内に仕事が終わらずに、周囲に多大な迷惑をかけることになります。

新しい仕事に就いたとき、周囲からの期待が高いとついつい張り切って、いつも以上に頑張ってしまう。そんな経験はありませんか。

周囲の期待に応えようとするのは、それ自体は良いことです。しかし、たとえあなたの能力が高く、それまでの実績に素晴らしいものがあっても、新しい仕事ではやはり知識と経験不足は否めないもの。そこで新たな仕事に就いたときには、現在の自分の能力を改めて分析してみてください。

できれば、上司や同僚に客観的に分析してもらうと良いでしょう。

そうすることで、自分の能力を過大評価してしまうのを防ぐことができます。自分自身の能力を正確に分析する態度を身につけている人は、リスクに冷静に対処することができる人と言って良いでしょう。

自分一人でリスクを背負わない

2001年2月1日に発生したスペースシャトル「コロンビア号」の事故は、日本人宇宙飛行士に深い悲しみをもたらしました。

それと同時に、自分の死というものを強く意識させられた出来事でもありました。事故直後、野口宇宙飛行士は機体の残骸《ざんがい》や搭乗員の遺留品を捜索する活動に参加しました。事故がなければ、彼は次のスペースシャトルに搭乗する予定でしたから、「もしかしたら、自分が事故に遭っていたかもしれない」と思いながら捜索活動を行っていたはずだと思います。

野口宇宙飛行士に限らず、自分が死ぬかもしれないという現実は、宇宙飛行士である限りずっと心の中で思い続けることでしょう。これはもう宇宙飛行士にとって「厳粛なる宿命」としか言いようがありません。

コロンビア号事故当時、若田宇宙飛行士のお子さんは幼稚園児でした。

幼い子どもであっても、コロンビア号事故の悲劇は理解できたようです。事故後は海外で訓練を受けるたびに、お子さんが玄関まで若田宇宙飛行士を見送り、「パパ、死なないで帰ってきてね」と言葉をかけるようになったそうです。この言葉には、父親への強い愛情と、父親を失うことへの恐怖が込められています。

きっとほかの宇宙飛行士の家族も同じ気持ちで、一家の大黒柱を訓練へ送り出しているのではないでしょうか。そして、そういう思いの積み重ねの向こうで、やがてやってくる有人宇宙飛行の日を迎えるのです。

宇宙飛行士の家族もまた有人宇宙飛行のリスクと向き合い、日々戦っていることを知っていただきたいと思います。

ですから、有人宇宙飛行のリスクに対する家族の理解は必要不可欠です。リスクを自分一人だけで背負っていては、家族の理解を得るのは難しいでしょう。有人宇宙飛行のリスクを率直に家族に伝える努力が必要です。そして、その言葉を聞いた家族が「この人は必ず帰ってくる」といった確信が持てなければいけません。

若田宇宙飛行士は、奥様のことをこんなふうに評価しています。
「私の妻は肝っ玉が座っているほうで、いつも動じずに笑顔で私を送り出してくれます。彼女が言うには、リスクばかりを考えて、私に仕事を辞めてもらいたいと思ったことはないそうです。彼女なりに宇宙開発の意義と重要性を理解してくれていて、私の仕事に対する価値観を共有してくれています。ありがたいことです」

このような気持ちになるのは、宇宙飛行士のリスクを家族で共有しているからだと思います。

またこういったリスクの共有は若田宇宙飛行士の家族に限らず、多くの宇宙飛行士の家庭でもみられることです。一方で、他国の宇宙飛行士の中には家族の願いを聞き入れて、有人宇宙飛行をあきらめる人もいると聞きます。

それはそれで、正しい決断だと思わざるをえません。

自分自身が納得する

万全の備えを尽くして有人宇宙飛行に臨んでも、事故に遭う可能性はあります。「それでは、なぜ宇宙飛行士は命をかけてまで宇宙に行くのか」と問われた場合、返ってくる答えはさまざまだと思います。

その中で、多くの宇宙飛行士を代表する答えは「自分が宇宙に行くことで、人類が受ける恩恵は計り知れない。現段階で宇宙に行けるのは、宇宙飛行士に選ばれ、特別な訓練を受けている自分たちだけだ。だからこそ自分は宇宙に行って、人類が得られる恩恵を持ち帰る責任がある。そのためなら、自分の命をかけたとしても、悔いのないほどの意義がある」という思いではないでしょうか。

リスクを取ることの意義を自分自身が納得していなければ、死と背中合わせの宇宙飛行士の仕事などとても続けることはできません。

この気持ちは一般社会でも同じでしょう。

自分の仕事に意義を感じられず、ただお金を稼ぐだけの手段だとすれば、リスクのある仕事を続けるのは困難です。例えば消防士、警察官、自衛隊員、海上保安官など、自分の命をかけて他人の命を救う仕事に従事している方々の気持ちは、宇宙飛行士と基本的に同じではないかと思っています。

こういった生命にかかわるリスクだけではありません。

ビジネスの世界で働いている方々も、自分の仕事の出来／不出来には会社の存続がかかっています。家族の生活がかかっています。常にプレッシャーの中で仕事をしているのは、宇宙飛行士に限ったことではありません。

そのような状況下で、自分の仕事には意義があると強く認識していればいるほど、プレッシャーと立ち向かう勇気がわいてくるものです。

仕事に追われる毎日ではあっても、ときにはちょっと立ち止まって、自分の仕事の意義について考えてみるといいでしょう。ただ「日々に流され」て生きているのとはまた違った、新しい発見があるはずだと私は思います。

筆者は宇宙飛行士ではありません。ただ、同じような気持ちで仕事をしています。

確かにいまは、一握りの宇宙飛行士だけしか宇宙に行けません。「限られた人が宇宙に行ったって、得られる成果はたかがしれている」という批判もよく耳にします。ある意味、正しい意見です。だからといっていま有人宇宙飛行を止めたら、宇宙に行く術を次世代につなげることができません。

そうなると、人類は宇宙へ行く機会を永久に得られないことになります。

それがたとえ小さく、あまりに軽い〝リレーのバトン〟であっても、有人宇宙飛行への道筋を次世代に手渡していくのが筆者の仕事の意義だと考えています。そういう意味において、私もまた宇宙飛行士とともに「命がけ」で日々の仕事に取り組んでいるのは当然です。

最悪の事態に備える

宇宙飛行士は自分たちが無事に地球に帰還することを信じて疑いません。

それでも過去の歴史を振り返ると、事故は否定できません。最悪の事態を考えて、NASAの宇宙飛行士は遺書を書きます。この慣習にならい、JAXA宇宙飛行士も遺書を書きます。遺書の内容はわかりませんが、おそらくは家族への感謝の気持ち、妻や子への精一杯の愛情表現、あるいは自分の死後に家族が困らないようにと具体的な財産分与の方法など、究極的な内容が書かれているのだろうと推測しています。

NASAには宇宙飛行士用の遺書保管箱があり、厳重に管理されているようです。事故があった場合は、ご家族に手渡されることになっています。

宇宙飛行士が特定のミッションへの搭乗が決定すると、CACO（Casualty Assistance Calls Officer）、通称〝ケイコ〟と呼ばれる緊急時対応の支援担当者が任命されます。

CACOはもともと米軍で運用されていたもので、訓練や戦闘で犠牲になった軍人の遺族を守る支援システムです。ですから、支援担当者に任命された者（同僚の宇宙飛行士の中から選任）は担当する宇宙飛行士が訓練や有人宇宙飛行で死亡した場合、あるいは生命にかかわる怪我を負った場合に家族のもとを訪れ、事故があったことを告げるというつらい役割を担います。

その後は家族に寄り添い、彼らの心の支えになります。

上述の遺書を家族に手渡すのも支援担当の役割です。賠償問題や将来保障などにおいてときには残された家族を守るため、自分が所属する組織と対立することも厭《いと》いません。自己保身などはせず、完全に宇宙飛行士の家族側に立った活動に終始するのがＣＡＣＯという支援担当者の役目なのです。

このような家族支援システムがあることは宇宙飛行士本人と家族にとって非常に心強いのですが、もちろん運用されないのが一番です。

組織にはゲゼルシャフト（与えられる実利によって動く）とゲマインシャフト（成員の精神的なつながりで動く）の2種類があります。宇宙飛行士の世界は……、言うまでもなくゲマインシャフトですね。私はそういう世界が好きですし、ゲマインシャフトの一員だからこそ、宇宙飛行士は任務に命をかけられるのだと思っています。

おわりに

「私は本当に幸せ者です」

本書を書き終えて、改めてそう思いました。

20年以上にわたり、世界中の宇宙飛行士からいろいろなことを学ぶことができたからです。残念なのは、私自身の力不足により、自分ではそれを十分に活かしきれていないことです。もったいないですね。

でも、この本を読まれた一人でも多くの方々が、職場や学校での生活をより良いものへと変化させるヒントをつかんでいただけたのであれば、私の経験が活かされたことになります。それを願ってやみません。

そうなるような文章が書けたかどうか、多少不安があります。説明不足やわかりにくい文面、これは違うのでは、といった誤りなどがあれば、すべて私の責任です。

最後に、心から感謝したい方が二人います。その一人は、ビジネス社社長・唐津隆氏です。この本を書きあげるにあたり、いろいろなアドバイスをいただきました。素人である私にビジネス書を書かせるという冒険に挑んでいただいたこと、本当に感謝しています。

もう一人は、ＪＡＸＡ広報担当の三浦奈穂子さんです。この本の書き始めから私を陰から支えてくれました。煩雑な事務手続きやさまざまな調整から私を解放していただき、本を書くことに集中できました。本当にありがとうございました。

山口孝夫

●著者略歴

山口孝夫（やまぐち・たかお）

ＪＡＸＡ有人宇宙ミッション本部宇宙環境利用センター／計画マネジャー、博士（心理学）。日本大学理工学部機械工学科航空宇宙工学コースを卒業。日本大学大学院文学研究科心理学専攻博士前期／後期課程にて心理学を学び、博士号（心理学）取得。1987年、宇宙航空研究開発機構（当時は宇宙開発事業団）に入社。入社以来、一貫して、国際宇宙ステーション計画に従事。これまで「きぼう」日本実験棟の開発及び運用、宇宙飛行士の選抜及び訓練、そして宇宙飛行士の技術支援を担当。現在は、宇宙環境を利用した実験を推進する業務を担当している。また、次世代宇宙服の研究も行うなど幅広い業務を担う。

生命を預かる人になる！

2014年５月20日　初版発行

著　者　山口孝夫
監　修　宇宙航空研究開発機構（JAXA）
発行者　唐津　隆
発行所　株式会社ビジネス社
〒162－0805　東京都新宿区矢来町114番地
神楽坂高橋ビル5F
電話　03－5227－1602　FAX 03－5227－1603
URL　http://www.business-sha.co.jp/

〈印刷・製本〉モリモト印刷株式会社
〈装丁〉常松靖史（チューン）
〈イラスト〉森海里
〈本文DTP〉茂呂田剛（エムアンドケイ）
〈編集〉本田朋子〈営業〉山口健志

ISBN978-4-8284-1752-3